까칠하고
공격적인
우리아이
육아법

까칠하고 공격적인 우리 아이 육아법

초판 인쇄 2021년 4월 29일
초판 발행 2021년 5월 7일

지은이 이보연
펴낸이 유해룡
펴낸곳 ㈜스마트북스
출판등록 2010년 3월 5일 | 제2011-000044호
주소 서울시 마포구 월드컵북로 12길 20, 3층
편집전화 02)337-7800 | **영업전화** 02)337-7810 | **팩스** 02)337-7811
기획 안진숙 | **편집진행** 김민정 | **표지·본문디자인** 김민주 | **전산편집** 김경주
원고투고 www.smartbooks21.com/about/publication
홈페이지 www.smartbooks21.com

ISBN 979-11-90238-52-6 13590

까칠하고 공격적인 우리아이 육아법

이보연 지음

스마트북스

들어가며

내 아이의 거친 행동이
걱정된다면

지능지수, 학교 성적보다 아동의 성인기 적응을 잘 예측하는 요인은 다름 아닌
다른 아이들과 얼마큼 잘 어울리느냐이다. 일반적으로 다른 아이들이 좋아하
지 않거나 공격적인 행동을 하고 방해하는 아이, 다른 사람들과 친밀한 관계를
유지하지 못하는 아이는 …… 심각한 '위험' 상태에 놓여 있다.

― 아동학자 윌러드 하트업 Willard Hartup

"크면 나아지지 않을까요?"

상담을 하다 보면 자주 듣는 질문이다. 이 질문에는 부모들의 간
절한 소망이 담겨 있다. 아이의 과격하고 거친 행동이 걱정되기는
하지만 그 행동은 아이가 아직 어리고 철없어서 그런 것이라 나이가

4

들면 나아질 거라고 희망하는 것이다.

사람이 나이가 들면 나아지는 점들이 분명 있다. 어릴 때 손가락을 빨았는데 성인이 되어서도 손가락을 빠는 사람은 거의 볼 수 없다. 초등 저학년 때까지 밤에 이불에 지도를 그려서 엄마 속을 태웠지만 언젠가부터 이불 빨래를 하지 않아도 되는 시기가 온다. 젓가락질, 가위질도 어릴 땐 서툴렀지만 나이를 먹으면 큰 문제 없이 하게 된다. 성숙해지고 자라면서 좋아지고 나아지는 점은 많다.

하지만 어떤 점에서는 커서도 나아지지 않고 계속되거나 오히려 더 심해지기도 하고 다른 문제까지 파생되어 복잡해지기도 한다. 만일 아이가 어릴 적에 지나치게 자주 화나 짜증을 많이 내고 문제가 생겼을 때 때리거나 밀치기, 욕하기와 같이 힘을 사용해 해결하려는 성향이 강하다면 이런 행동은 성인이 되어서도 나타날 가능성이 매우 높다.

공격성과 관련한 연구들도 이 점을 분명히 지적한다. 걸음마기 때 공격적인 행동을 보인 아이들 중 상당수는 학교 갈 나이가 되면 신체적인 공격성이 현저히 감소했지만, 소수의 아이들은 지속적으로 신체적인 공격성을 나타냈고 그 모습은 성인기까지 이어졌다고 한다.

공격적인 걸음마기 유아는 공격적인 5세가 되는 데서 그치지 않는다. 핀란드, 아이슬란드, 뉴질랜드 및 미국에서 수행된 종단 연구에 따르면 만 3세에서 만 10세 사이의 아이들에게서 보이는 변덕스럽고 성마르고 과격한 행동의 빈도는 이후 삶에서 보일 공격적인 혹은 다른 반사회적인 경향성을 예측한다고 한다. 또 미시간 대학의 로웰 휴스먼Rowell Huesmann 과 그의 동료들이 600여 명의 아이들을 22년간 추적 연구한 결과, 매우 공격적인 8세 아동은 적대적인 30대가 되며, 심한 경우 자신의 배우자나 자녀들을 때리고 범죄로 유죄 선고를 받게 되는 경우도 많았다.

물론 공격성이 높은 아이들 모두가 필연적으로 공격적인 성인으로 성장하는 것은 아니다. 하지만 공격성과 관련된 연구 결과들에 비추어 볼 때 어떤 아이들은 분명 만성적으로 공격적이라는 사실에 주목해야 한다.

모든 사람에게는 공격적인 욕구가 있으며, 때론 공격적인 행동을 해야 할 때가 있기도 하다. 3~4세 아이들의 떼 부림이나 사춘기의 반항 등 발달과정에서 좀 더 거친 행동을 자주 보이는 시기가 있는 것도 사실이다. 하지만 그럴 때라 하더라도 그 정도가 우리가 일반적으로 알고 있거나 수용할 수 있는 수준을 넘어섰다면 위험 신호로 볼 수 있다.

어떤 아이들은 기질적인 특성으로 인해, 혹은 잘못된 가르침이나 다른 문제 때문에 자신의 감정과 행동을 잘 제어하지 못하는 것일 수도 있다. 만일 이를 방치했다가는 이후 더 큰 문제로 발전될 수 있다. 이런 경우는 손 빨기나 서툰 가위질 같은 수준의 문제가 아니다.

공격적인 행동은 다른 어떤 생활습관보다도 큰 문제가 된다. 아이든 어른이든 공격적인 행동을 하는 사람을 좋아하는 사람은 없다. 따라서 공격적인 행동을 하는 사람들은 사회적 관계에서 어려움을 겪는다. 또래관계에서 거부당하거나 배척당하고, 다시 학습과 집단생활, 가족관계의 어려움으로 이어지는 것이다. 그러면서 자연스레 자존감이 낮아지고 불행하다고 느끼며, 우울감과 함께 충동을 조절하기가 힘들어진다.

아이를 키울 때는 요행을 바라면 안 된다. '우리 아이가 거칠고 신경질적이긴 하지만 크면 괜찮아지겠지'라고 생각하고 아무것도 하지 않는 것은 요행을 바라는 것이다. 우리 아이가 '만성적으로 공격적인 행동을 하는 소수 아이들' 속에 포함되지 말라는 법은 없다. 그렇다고 해서 과민해지라는 뜻은 아니다. 아직 미숙하기 때문에 떼를 부리고 때리고 소리치는 것이라고 이해함과 동시에 앞으로 점차 나아질 거라는 기대감도 물론 가져야 한다. 하지만 이와 함께 부모는 아이가 감정과 행동을 조절할 수 있는 사람으로 성장하도록 지도하는 일에 결코 소홀히 해서는 안 된다는 말이다.

PART 1

뜻밖의 순간에 아이가 과격한 행동을 보이면
부모는 당황스럽고 불안해지기 마련이다.
성급하게 그 행동부터 바로잡으려고 애쓰지 말고
좀 더 객관적인 시선으로 아이의 행동을 들여다보자.

화내고 밀치고 때리는 아이, 어떻게 해야 할까?

- 우리 아이의 공격성 바로 알기

아이가 걱정된다면
'공격성'부터 이해하자

공격성이 무엇인지에 대해서는 사람마다 의견이 다르다. 가장 널리 알려지고 받아들여지는 공격성의 정의는 '생명체를 해치려는 의도가 있는 신체적, 언어적 행동'이다. 이 정의에서 우리가 주의 깊게 살펴봐야 하는 점은 바로 '의도'다. 행위의 결과가 아니라 그 행위가 어떤 의도를 가졌는지가 중요하다는 말이다. 해치려는 의도가 있었다면, 행위가 실패로 돌아갔거나 애초에 행하지 않았더라도 그와 관련한 모든 행위는 공격성이라고 볼 수 있다.

예를 들어, 상대방을 발로 찼는데 상대방이 맞지 않아 헛발질에 그쳤다면 이 역시 공격성이 엿보이는 장면이다. 또 직접 때리거나 욕하지 않았다고 해도 상대방에게 냉담한 태도를 보이거나 그를 무시하는 모습도 공격성이라고 할 수 있다. 이와 반대로 상대방을 해치려는 의도 없이 즐기는 과격한 놀이, 혹은 우연히 피해를 입히게 된 행동들은 공격성으로 볼 수 없다.

공격성의 두 가지 얼굴

공격성은 크게 두 가지 종류로 나눌 수 있다. 하나는 '도구적 공격성'이고, 다른 하나는 '적대적 공격성'이다. 말이 좀 어려울 수 있지만, 도구적 공격성은 동물의 세계를 생각하면 쉽게 이해할 수 있다. 배고픔을 해결하려고 얼룩말을 향해 달려드는 사자를 떠올려보자. 사자는 얼룩말을 해치는 것 자체가 목적이 아니다. 그저 먹고살기 위해 얼룩말에게 달려드는 것이다. 이처럼 공격 행위가 뭔가를 얻기 위한 도구가 될 때, 도구적 공격성이라고 한다. 사람의 경우에는 절도나 강도가 대표적인 예라 할 수 있다. 사람을 해치는 것 자체가 목적이 아니라 돈을 빼앗기 위해 사람을 해치는 것이다.

반대로 적대적 공격성은 피해자를 해치는 것 자체가 목적이 되는 경우를 말한다. 가끔 범죄 드라마를 보면 프로파일러가 이런 분석을 내놓는 장면을 볼 수 있다.

"아무것도 훔쳐간 것 없이 수십 차례 칼로 찌른 것을 보면, 심지어 죽은 후에 사체까지 훼손한 걸 보면 원한에 의한 살인으로 보입니다."

이와 같이 설명되는 보복 살인이 적대적 공격성의 가장 심각한 예라 할 수 있다.

미취학 어린아이에게도 이 두 가지 공격성이 모두 나타날 수 있다. 엄마의 품에 안기기 위해 어린 동생을 밀치는 아이를 상상해 보자. 이 모습은 엄마를 차지하겠다는 목표를 위해 동생을 공격한다는 점에서 도구적 공격성이라 할 수 있다. 그런데 한편으로 자고 있는 동생에게 몰래 다가가 꼬집고 머리카락을 뽑는 행위는 적대적인 의도에서 나온 공격성이라고 볼 수 있다. 하지만 미취학 아이들에게서 발견되는 공격성은 대개 도구적 공격성이다. 학령 전 아이들은 거의 대부분 장난감이나 다른 물건 혹은 어떤 영역을 차지하거나 지키기 위해 다투고 싸우기 때문이다.

아이의 속마음 하나, '갖고 싶은 걸 꼭 가질 거야!'

아기들은 생각보다 꽤 빨리 도구적 공격성을 보인다. 돌만 되어도 다른 아기가 자신이 원하는 장난감을 주지 않으면 힘을 행사한다. 심지어 똑같은 장난감이 여러 개 있을 때도 생후 12개월 아기들은 아무도 사용하지 않은 장난감은 거들떠보지 않고, 다른 아이의 장난감을 갖기 위해 힘을 행사했다는 연구 결과도 있다. 이런 것을 보면 생후 12개월 정도 되면 도구적 공격성이 시작된다는 사실을 알 수 있다.

뭔가를 얻고 싶어 하는 도구적 공격성은 주로 '사물', '영역', '권리'에 관한 싸움에서 생겨난다. 놀이터에서 두 아이가 동시에 비어 있는 그네를 향해 달려왔다고 하자. 그네는 하나뿐인데 타고 싶은 아이는 둘이다. 두 아이는 그네를 차지하려고 서로를 밀치고 때린다. 이 상황에서 나타난 공격성은 '사물'에 대한 도구적 공격성이라 할 수 있다.

'영역'에 관한 도구적 공격성도 아이들 사이에서 많이 나타난다. 어느 날 민수가 거실에서 블록으로 마을을 꾸미고 있다. 이때 민수의 동생 영수가 붕붕카를 타고 민수가 한창 꾸미고 있는 블록 마을로 들어온다. 민수는 영수와 영수의 붕붕카 때문에 자신의 블록 마을이 망가질까 봐 영수의 붕붕카를 발로 힘껏 밀쳐낸다. 갑자기 가해진 그 힘에 영수는 붕붕카에서 떨어져 머리를 찧었다. 이 상황에서 민수가 보인 행동에는 자기 영역을 지키기 위한 도구적 공격성이 숨어 있다고 할 수 있다.

'권리'에 관한 도구적 공격성도 이야기해보자. 이 공격성은 엘리베이터 앞에서 기다리거나, 혹은 어떤 장소에서 줄을 서서 순서를 기다려야 할 때 자주 관찰된다. 형제가 서로 엘리베이터 버튼을 먼저 누르겠다며 상대방을 밀치거나, 먼저 누른 사람의 얼굴을 사정없이 때리거나, 줄을 먼저 서기 위해 상대방을 미는 등의 행동을 하는 것을 종종 목격할 수 있다. 이것은 자신이 먼저 엘리베이터 버튼을 누르거나 남보다 앞에 설 권리를 갖고 싶은 마음에서 나오는 도구적 공격성이다.

아이의 속마음 둘, '네가 상처받으면 좋겠어'

이번에는 적대적 공격성에 대해 더 자세히 들여다보자. 적대적 공격성은 피해자를 해치려는 의도에서 비롯된다. 자신에게 모욕이나 상처를 준 사람에게 보복하거나 원하는 것을 얻기 위해 타인에게 신체적 또는 심리적 고통을 가하는 것이다. 적대적 공격성은 대개 두 가지 형태, 즉 '외현적 공격성'과 '관계적 공격성'으로 나타난다.

외현적 공격성은 때리거나 때리겠다고 위협하여 해를 끼치는 행동으로 표현된다. 관계적 공격성은 상대방에 대해 좋지 않은 소문을 내거나 거짓말을 해서 상대방을 깎아내리거나 자존감을 손상시키는 행동으로 드러난다. 자신이 싫어하는 반 친구를 한적한 곳으로 불러내 때리거나 겁을 줘 위협하는 아이들을 뉴스에서 흔하게 볼 수 있는데, 이것이 외현적 공격성의 대표적인 예다. 뉴스에서 크게 보도된 적이 있는 부산·아산 여중생 폭행 사건, 강릉 여고생 집단폭행 사건 등을 기억하는가? 상당수의 학교 폭력 사건을 보면 자신과 사이가 좋지 않은 친구를 혼내주고 그 아이에게 복수한다며 잔인할 정도로 구타하고 폭행하는 일이 많다. 성인의 경우에는 자신에게 이별을 통보한 연인에게 무차별적인 폭력을 행사하는 데이트 폭력 등이 외현적 공격성의 잔인한 행태를 보여준다.

한편 관계적 공격성은 외현적 공격성처럼 직접적인 신체 공격은 없다. 하지만 잔인하기는 마찬가지다. 관계적 공격성은 사회적 동물이라는 인간의 속성을 악용하여 사회적으로 고립시키거나 수치심을 주어서 그 당사자를 사회적으로 매장시키는 것을 목표로 한다. 최근 SNS의 발달로 인해 이런 관계적 공격성이 점차 늘어나는 추세이며, 그 파급력 또한 정말 크다. 심각한 관계적 공격성을 경험한 사람들은 수치심과 억울함을 견디지 못해 스스로 목숨을 끊기까지 한다. 관계적 공격성은 이처럼 손가락 하나 까딱하지 않고도 사람을 죽일 수 있는 무서운 공격 행위다.

부모의 오해 1.
남자아이만 공격적이다?

"아들이라서 그런지 공격적이에요. 동생이 너무 불쌍해요. 맨날 오빠한테 맞고 있고."

"아들 키우는 게 힘들어요. 툭하면 힘으로 해결하려 하고요."

"딸아이를 키울 땐 친구들하고 때리고 싸우는 일이 없었는데……. 저 녀석은 놀이터에 가면 잘 놀다가도 치고 박고 싸워서 놀이터에 보내기 무서워요. 또 싸울까 봐요."

아들을 키우는 부모에게서 심심찮게 들을 수 있는 말들이다. 이런 말만 들으면 마치 남자아이들은 모두 공격적이고 태생적으로 공격성을 지닌 존재로 보인다. 실제로 100개국이 넘는 나라에서 나온 자료들을 보면 남자아이와 성인 남성이 여자아이와 성인 여성에 비해 신체적, 언어적 측면 모두에서 더 공격적이라는 사실이 증명되고 있다. 하루에 일어나는 사건 사고만 봐도 남성에 의해 벌어지는 일이 상대적으로 많기는 하다.

남성에게서 공격적인 성향이 두드러지게 나타나는 것은 남성호르몬인 테스토스테론과 상관이 있다. 테스토스테론은 용기와 자신감을 주는 성호르몬으로, 여성에게도 분비되지만 일반적으로 성인 여성에 비해 성인 남성에게 10배 더 많이 분비된다. 또 같은 남성이라고 해도 폭력적인 범죄를 저지른 남성들은 사기와 같은 비폭력적인 범죄를 저지른 남성들에 비해 더 높은 테스토스테론 수치를 보인다. 이런 결과를 볼 때 테스토스테론이 공격 성향에 영향을 미친다는 점에는 의심의 여지가 없다.

그렇다면 테스토스테론이 남자 아기들에게도 영향을 미칠까? 결론부터 말하면 생후 30개월 이전에는 남녀 아기들 사이에서 공격성의 차이가 눈에 띄게 나타나지 않는다. 태아 때 이미 임신 10주경부터 고환에서 테스토스테론을 합성하기 시작하지만 생후 30개월 이전의 남자 아기가 여자 아기보다 더 공격적으로 행동한다는 증거는 별로 없다.

심지어 한 연구에 따르면 돌 무렵 영아들의 경우에는 오히려 여자아이들이 남자아이들보다 거칠게 행동하는 모습을 더 많이 보였다고 한다. 장난감을 갖고 노는 상황에서 많은 여자아이들이 남자아이들보다 강압적이고 공격적인 방식으로 문제를 해결했던 것이다. 두 돌 된 아이들의 집단에서도 유사한 결과가 발견되었다. 대부분의 남자아이들은 장난감이 부족할 때 공격적인 모습을 보이지 않고 서로 협상을 하거나 장난감을 공유하는 빈도가 높았다.

이처럼 영아기에는 성별에 따른 공격성의 차이가 두드러지지 않는다. 하지만 만 3세 무렵이 되면 확실히 여자아이들에 비해 남자아이들에게서 거친 행동들이 두드러지기 시작한다. 많은 연구자들은 그 이유를 사회적 경험의 차이로 해석한다.

어른들이 만들어놓은 성별의 세계

과거에 비해 남아 선호 사상이 크게 줄었다고 하더라도 여전히 우리 사회에 성별 인식은 존재한다. 특히 아기 옷에서 성별 인식이 두드러지게 나타난다. 백화점에 가면 예쁘고 앙증맞으며 각종 레이스로 장식되어 있는 핑크색 여자아이 옷, 공룡과 자동차와 로봇의 그림이 그려져 있는 보다 어두운 색 계열의 남자아이 옷이 진열대에 빼곡하다. 옷을 사러 온 손님에게 매장 직원은 먼저 아기의 성별을 묻고, '여성적' 혹은 '남성적' 특성이 가득 표현된 옷을 권한다.

장난감의 세계도 여자아이인지 남자아이인지에 따라 차이가 많이 나는데, 그 차이는 과거에 비해 더 심해졌다면 모를까 결코 줄어들지 않았다. 마트의 장난감 코너로 가보자. 한쪽은 대놓고 주방 도구나 인형들로 가득한 여아용 완구 코너이고, 다른 한쪽은 각종 탈것과 무기, 로봇, 동물, 블록들로 채워진 남아용 완구 코너로 나누어져 있는 것을 볼 수 있다. 거기에 더해서 부모는 딸이 남아용 완구 코

너를 기웃거리면 "아니야, 네가 좋아하는 건 이쪽에 있어!"라며 여아용 코너로 아이를 이끈다.

미디어에서 제공하는 어린이용 애니메이션이나 프로그램은 어떠한가! 남자아이들을 대상으로 한 애니메이션은 싸우고 경쟁하는 주제로 가득하며, 여자아이들을 대상으로 하는 프로그램은 사랑과 질투를 주된 주제로 삼는다.

이렇게 사회는 노골적으로 혹은 암묵적으로 남자아이들의 공격성을 조장하거나 묵인하고 있는 셈이다. 부모는 딸의 신경질적이고 화내는 행동에는 크게 당황하지만, 아들의 그런 모습에는 불평은 해도 어느 정도 당연하게 여긴다. 반면 아들이 수줍음이 많거나 여자아이들이 자주 하는 놀이에 관심을 보이면 신경 쓰고 염려한다. 이렇게 부모와 사회는 흔히 '여성적인' 혹은 '남성적인' 것으로 알려진 성 고정관념에 아이를 맞추는 식으로 환경과 경험을 제공한다.

그래서인지 아기들은 생후 30개월만 되어도 자신의 생물학적 성에 따른 성역할 고정관념을 습득하게 된다. 한 연구에 따르면 생후 30개월 된 아이들은 이미 "여자는 말이 많고 때리지 않으며 도움을 줘야 할 때가 종종 있고, 인형 놀이와 요리나 청소와 같은 집안일로 엄마를 돕는 것을 좋아한다"고 생각했으며, "남자는 자동차 놀이를 좋아하고 아빠를 돕는 것을 좋아하며, 집짓기를 하고 '때릴 거야'라는 말을 많이 한다"고 여기고 있었다.

이런 결과들을 고려할 때, 테스토스테론 같은 생물학적 요인이 때리고 밀치고 욕하는 남자아이들의 행동에 영향을 미친다 하더라도, 이에 못지않게 남자아이들이 가정과 사회에서 습득하는 성별 유형화 경험 역시 결코 무시하면 안 되는 요인임을 알 수 있다.

여자아이들은 은밀하게 괴롭힌다

남자아이들이 더 거칠게 행동하고 남을 더 많이 괴롭힌다고는 하지만, 그렇다고 여자아이들이 그런 행동을 거의 혹은 전혀 하지 않는다는 말은 아니다. 여성은 남성에 비해 눈앞에서 싸우거나 욕하는 경우가 적다. 하지만 학교와 직장 생활을 경험해본 여성이라면 누구나 알 것이다. 한 명을 소외시킨 채 소곤소곤 자기들끼리 귓속말을 하며 "너 그거 알아? 쟤가 이랬다면서?"라고 작게 내뱉는 말들이 얼마나 살 떨리고 무서운 것인지를. 더 나아가 투명인간 취급을 하면서 대놓고 따돌리기도 한다. 이런 행동들은 겉으로 드러난 공격성은 아니지만 '적대적인 의도'를 갖고 상대방의 마음을 해치려 한다는 점에서 공격성이라고 볼 수 있다. 이런 종류의 공격성은 남자아이들에 비해 여자아이들에게서 많이 나타난다.

남자아이와 여자아이는 공격성을 표현하는 방법에서 차이가 난다. 남자아이들은 자신을 불쾌하게 하거나 자신의 목적을 방해하는 사람이 있다면, 그들을 때리거나 모욕을 주는 방식으로 행동한다. 하지만 여자아이들은 이와 달리 좀 더 은밀하고 간접적인 방식으로 표현한다.

대부분의 여자아이들은 사회적 관계를 중요하게 여긴다. 그래서 공격할 때도 상대방의 사회적 관계에 타격을 주는 '관계적 공격성' 방식을 선호한다. 예를 들면, 상대방이 말할 때 딴 짓을 하는 척하거나 무시하거나 집단에서 그 사람을 배척하는 것이다. 혹은 나쁜 소문을 내서 그 사람의 평판을 좋지 않게 만들고 사회적 지위에 손상을 입히기도 한다. 뒷담화하기, 생일파티에 초대하지 않기, "쟤랑 놀지 마!" 혹은 "절교하자!"라고 말하기, 단톡방에 안 끼워주기 등이 대표적인 관계적 공격성이다. 이런 방식으로 미묘하고 간접적으로 누군가를 괴롭히는 것은 신체적으로 공격성을 드러내지 않더라도 상대방에게 상처와 위협을 줄 수 있다는 점에서 때리는 것만큼이나 충분히 공격적이다.

여자아이들에게 중요한 것은 '관계'

만 3세에서 만 4세의 여자아이들도 이런 방식을 사용할 줄 안다. 어린이집과 유치원에서 사이가 좋지 않은 친구를 때리기보다 따돌리는 여자아이들을 보는 건 결코 드물지 않은 일이다. 사춘기 여자아이들의 또래 갈등도 거의 대부분 유사하게 나타난다. 미묘하고 은밀하게 이루어진다는 점 때문에 피해를 당하는 아이 입장에서는 정확히 자신의 어떤 점 때문에 친구가 그러는지 잘 알지 못한다. 그래서 이 아이는 제때 필요한 도움을 받지 못하기도 한다.

관계적 공격성은 순식간에 아이들 사이에서 널리 퍼지기도 한다. 또래들은 자신 역시 그 관계 속에서 배척당하지 않기 위해 공격자에게 동조하기 때문이다. 평소 자신과는 갈등하는 사이가 아니던 친구마저 어느 순간 자신을 좋지 않은 눈빛으로 보면서 말을 섞지 않고 투명인간 취급을 할 때, 관계를 중시하는 여자아이들은 큰 두려움을 느끼게 된다. 여자아이들이 남자아이들처럼 치고 박고 싸우지 않는다고 해서 공격적인 성향이 없는 것이 아니다. 어쩌면 여자아이들의 공격 성향은 이제껏 과소평가된 것인지도 모른다.

부모의 오해 2.
인기 있는 아이는 공격적이지 않다?

이문열의 《우리들의 일그러진 영웅》과 김려령의 《우아한 거짓말》
은 학교 폭력을 말할 때마다 빠지지 않고 거론되는 책들이다. 《우리
들의 일그러진 영웅》은 초등학교 5학년 교과서에 수록되어 있으며,
《우아한 거짓말》은 대표적인 초등학생 필독서로, 이 두 소설 모두 영
화로도 만들어졌는데 타인을 괴롭히는 아이들의 공격성을 세밀하게
묘사해 깊은 울림을 준다.

　　두 소설의 주인공은 '한병태'와 '천지'지만 이 책을 읽거나 영화
를 본 사람들의 기억에 더 깊이 남는 인물은 아마도 '엄석대'와 '화
연'이 아닐까 싶다. 이 둘은 모두 주인공들에게 외현적 혹은 관계적
공격성을 행사하는 '가해자'인데, 나름 학급에서 인기가 있다. 엄석
대는 학급에서 반장을 맡고 있고 선생님의 전폭적인 지지를 받고 있
으며, 급우들은 자발적으로 엄석대에게 복종한다. 한병태만이 엄석

화내고 밀치고 때리는 아이, 어떻게 해야 할까?

대에게 저항하는 유일한 존재다. 급우들은 이런 한병태를 매우 불쾌하고 못마땅한 시선으로 바라본다. 《우아한 거짓말》의 화연도 친구들을 몰고 다니는 그런 아이다.

아이들 집단에서 권력을 잡는 아이

앞서 공격적인 성향은 사람들이 좋아하지 않는 성격적 특성이라고 말했다. 그러면 이런 성향을 보이는 사람들은 집단 내에서 높은 지위를 갖거나 '인기'를 얻는 일이 어려울까? 답부터 말하면, 아니다. 힘이 세거나, 집단 구성원들이 중요시하는 영역에서 뛰어난 성취를 보이거나, 혹은 남이 갖고 싶어 하는 물건을 가졌을 때 그 사람의 존재는 다른 사람들의 눈에 '매력적'으로 보인다. 남자아이들 사이에서는 뛰어난 축구 실력, 희귀한 고가의 장난감이나 게임기, 오토바이, 풍족한 용돈이 그 자체가 권력이 된다.

이 권력의 테두리 안에 들어가 그것들을 함께 나누기를 바라는 아이들이 많으면 많을수록, 그것들을 소유한 아이는 집단 내 서열이 높아진다. 때로는 또래들이 쉽게 하지 못하는 일탈 행동을 아무렇지 않게 하는 것 자체가 권력이 되기도 한다. 자신의 말을 듣지 않는 상대방을 향해 무자비한 주먹을 날리는 또래를 보면서 아이들은 겁을 먹고 자신이 그 같은 일을 당하고 싶지 않아서 복종하고 동조한다. 만일 공격자가 자신을 따르는 아이들을 괴롭히지 않고 보호해준다면 집단에서 상당히 높은 지위를 얻게 될 것이다.

여자아이들의 경우도 비슷하다. 여자아이들도 부모의 재력이 또래 집단에서 권력을 얻는 데 큰 도움이 된다. 만일 예쁜 외모에 최신 유행에 맞게 치장하는 일에 능숙하다면 또래 여자아이들 사이에서 금세 인기를 얻을 수 있다. 물론 모든 걸 혼자 다 차지하려고 하면 따돌림을 당하겠지만 자신의 화장품과 액세서리, 미용법을 나눈다면 이 아이 근처에는 늘 또래들로 넘쳐날 것이다.

이때 이 아이가 부모의 재력을 바탕으로 자기 말을 따르지 않는 아이를 배척하고, 다른 아이들에게도 그 아이에 대한 평판을 나쁘게 퍼뜨린다면 어떤 일이 벌어질까? 나중에는 다른 아이들이 더 적극적으로 나서서 그 아이를 따돌리는 상황이 벌어지기도 한다. 이것은 인기 있는 아이에게 충성심을 보여줌으로써 집단 내에서 자신의 지위를 공고히 하려는 마음, 그리고 충성심을 나타내지 않으면 자신이 배척당할지도 모른다는 두려움이 합쳐져 나타난 결과다. 실제로 이와 같은 장면을 책이나 TV에서 많이 접했을 것이다. 하지만 이런 일들이 비단 이야기 속에만 있는 건 아니다.

인기와 우정 사이

이처럼 자신이 가진 매력을 타인을 배척하거나 괴롭힐 때 사용하면 그 아이의 인기와 집단 내 지위는 더 높아진다. 실제 청소년들의 공격성을 연구한 결과를 보면 청소년들 사이에서 인기와 관계적 공격성은 깊은 상관관계가 있는 것으로 밝혀졌다. 인기 있는 아이들은 자신의 인기를 높이기 위한 수단으로 친구를 무시하고 소외시키고 위협하며 좋지 않은 소문을 퍼뜨리는 경향이 있었다. 이 아이들은 이런 식으로 친구를 괴롭히는 것이 자신에게 분명한 이익을 가져다준다고 믿는다. 그래서 매우 계획적이고 정교한 방식으로 공격적인 태도를 보이며 또래에 대한 지배력을 키운다.

하지만 인기라는 것이 진정한 우정으로 이어지는 것 같지는 않다. 왜냐하면 비밀리에 진행된 학급 내 인기도 조사에서 이런 아이들을 '좋아한다'고 답한 경우가 거의 없었기 때문이다. 이 아이들을 좋아한다기보다는 거기에 동조하지 않으면 자신이 거부당하거나 괴롭힘을 당할지도 모른다는 두려움 때문에 힘이 있어 보이는 또래를 따른다고 보는 게 보다 정확하다. 성인이 되어서 그 집단에 더 이상 소속될 필요가 없게 되면 이 아이들은 더는 만나고 싶은 상대가 아니게 되며, 훗날 학급 아이들은 그 아이를 떠올리면서 이렇게 말할지도 모른다. "걘 재수 없는 애야! 잘난 척이나 하고 말이지."

자신이 공격당하지 않기 위해 공격하는 아이들

또래들을 몰고 다니며 친구를 괴롭히는 아이의 인기란 이렇게 덧없는 것이다. 하지만 그렇다고 해서 이런 아이가 집단 내에서 높은 지위를 차지하는 것을 내버려두면 곤란하다. 일부 아이들이 자신도 인기를 얻고 집단 내에서 보다 높은 지위를 갖기 위해 그 행동을 따라 할 수 있기 때문이다.

실제 학교 폭력에 관한 연구조사를 살펴보면 학교 폭력 가해자의 상당수가 과거에 학교 폭력의 피해자였던 경험을 갖고 있었다. 집단에서 공격을 당하지 않거나 높은 지위를 얻으려면 자신도 적극적으로 괴롭히고 공격하는 역할을 해야 한다는 점을 배운 것이다. 만일 어른이 아이들 집단 내에서 일어나는 외현적, 관계적 공격성을 알지 못하고, 친구를 힘들게 하는 아이가 집단의 리더가 되는 일을 그냥 두고 본다면 우리 아이들은 '공격적인 사람'에 대한 잘못된 인식을 가질 수 있다.

부모의 오해 3.
소심한 아이에겐 공격성이 없다?

친구를 밀치고 때리고 욕하는 등의 과격한 태도는 적극적이고 활달한 성격을 가진 아이들의 전유물일까? 그렇지 않다. 겁이 없고 활동량이 많으며 성급하고 다혈질인 아이들만 공격적인 행동을 하는 것도 아니다. "쥐도 구석에 몰리면 고양이를 문다"라는 말처럼, 겁 많고 소심하고 유순해 보이는 아이들도 상황에 따라 과격하게 행동하는 아이로 변할 수 있다.

유치원과 학교에서 친구를 때리고 물거나 물건을 던지는 행동을 해서 문제아로 찍힌 아이들 중에는 의외로 소심한 경우가 꽤 있다. 더 정확히 말하면 이 아이들은 마음속 불안감이 심하다.

불안감이 심한 아이들은 주변을 경계하고 작은 위험 신호에도 예민하게 반응하는 경향이 있다. 아끼던 장난감을 갖고 놀던 아이는 평소 물건을 잘 뺏고 잘 때리는 아이가 자신에게 다가오면 장난감을 뺏길지도 모른다는 두려움으로 잔뜩 긴장한다. 정작 다가오는 아이는 장난감에 별 관심이 없을 수도 있고 그냥 우연히 곁을 지나가는 것일 수도 있다. 하지만 겁이 많은 아이는 그 아이가 가까이 다가오면 불안이 극에 다다라 갑자기 소리를 지르거나 물건을 던지고 달려들어 때리는 행동으로 장난감을 지키려 한다.

불안한 아이의 입장에서는 자신의 행위가 '정당방위'로 생각되겠지만, 당한 피해자나 주변 사람들에게는 뚜렷한 이유가 없는 공격적인 행위로 보일 수 있다. 왜냐하면 아직 상대 아이가 공격적이라고 할 만한 구체적인 행동을 하지 않았기 때문이다. 사람들은 '방어형 공격'에는 어느 정도 관대함을 보이는 편이지만, 일방적으로 드러내는 공격에는 꽤 비판적이다. 따라서 불안하고 소심한 아이가 벌이는 방어형 공격은 비난과 처벌로 이어지며, 이로써 이 아이는 더욱더 불안해지고 지나친 경계심을 갖게 된다.

만일 자녀가 평소에 유순한 편으로 가정에서는 별다른 과격한 행동을 보이지 않는데 유독 바깥에서 문제행동을 지적받는다면 혹시 불안 수준이 높지는 않은지 살펴볼 필요가 있다.

겁먹을수록 위험한 행동을 할 수 있다

불안한 아이가 물건을 던지거나 달려들거나 하는 등 거칠게 행동할 때는 그 강도가 꽤 강하게 나타날 수 있다. 평소에는 약해 보이고 힘도 그리 세지 않던 아이도 공격적인 행동을 할 때만큼은 꽤 강력한 모습을 보인다. 불안한 아이들이 그런 행동을 해야겠다고 마음먹었을 때는 그야말로 죽기 살기로 하기 때문이다.

이건 동물의 경우도 마찬가지다. 잔뜩 겁먹은 동물이 가장 위험하다는 것은 잘 알려진 사실이다. 소위 강아지 전문가라는 사람들은 귀가 바짝 뒤로 붙어 있고 꼬리가 가랑이 사이로 말린 자세를 하는 개에게는 절대 가까이 가거나 만지지 말라고 조언한다. 이런 자세는 몹시 겁에 질리고 불안하다는 뜻이며, 만일 이 신호를 무시하고 다가가면 개는 자신을 지키기 위해 상대방을 죽기 살기로 공격할 것이기 때문이다.

불안해하는 아이, 주위 환경부터 살펴주자

사람이나 개나 불안이 심할 때 공격적인 행동을 보이는 것은 자연스러운 스트레스 반응이다. 홀로 등산을 하다가 멧돼지를 만났다고 상상해보자. 이렇게 생명이 위협받을 수도 있는 사건에 직면하면 우리 몸은 생존을 위해 그 위험에 대항할 것인지, 혹은 도망갈 것인지 결정해야만 한다. 우리 뇌의 자율신경계는 이를 위해 즉시 혈액 내로 스트레스 호르몬을 분비하여 신체가 행동할 수 있도록 준비시킨다. 도망가거나 대항하기 위해서는 힘이 필요하기 때문에 혈압을 높이고 맥박과 호흡을 빨라지게 하며, 근육으로 공급되는 혈액의 양을 증가시켜 순간적으로 강한 힘을 발휘할 수 있도록 하는 것이다. 만일 도망갈 수 있는 상황이라면 재빨리 도망가겠지만, 그럴 수 없다면 있는 힘을 다해 멧돼지를 주먹으로 치거나 발로 찰 것이다. 그래야 살 수 있기 때문이다.

불안한 아이들도 마찬가지다. 위험한 상황에서 도망갈 곳이 있거나 도움을 청할 사람이 있다면 지나치게 공격적으로 행동할 필요가 없다. 하지만 도망갈 곳도 없고, 아무도 도와주지 않는다고 느낄 때 아이들은 투쟁—도피 반응 중 투쟁 반응을 선택할 수밖에 없다.

아이가 집에서는 공격적인 행동을 하지 않는데, 유치원이나 학교에만 가면 친구들을 때리거나 화를 내는 등 공격적인 모습을 보인다면 아이에게 유치원과 학교라는 장소 자체가 불안을 야기하는 곳이 아닌지 살펴봐야 한다. 아이를 불안하게 만드는 게 있다면 선생님과 같은 어른이 적절하게 조치를 취해야 한다. 그렇지 않으면 정글과 같은 불안한 곳에서 아이는 혼자 외로운 투쟁을 계속할 것이다.

PART 2

아이들은 발달단계에 따라 그 특성과 한계가 분명하다.
그래서 과격하게 행동하는 아이들을 지도할 때
발달단계를 무시하면 훈육의 효과는 크게 줄어든다.
무엇보다 남을 때리고 괴롭히는 공격적 성향은
그 기초가 어린 시기, 특히 미취학 시기에 많이 형성된다.
이것이 어린 자녀를 키우는 부모일수록
아이의 공격성에 관심을 가져야 하는 이유다.

아이의 거친 행동, 성장 시기마다 다르다

- 발달단계별 실전 지도법

◆

/\/\/\/\/\/\/\/\/\/\/\/\/\/\/\/\

CHAPTER 1

발달단계별로 살펴보는
아이의 공격적인 성향

/\/\/\/\/\/\/\/\/\/\/\/\/\/\/\/\

영유아기의 공격성

"엄마, ○○이가 때리고 꼬집었어!" 어느 날 큰아이가 울고 불며 와서 동생이 자기를 때리고 꼬집었다고 분해한다. 형제자매를 키우는 부모라면 이런 상황을 종종 만났을 것이다. 우는 큰아이와는 달리 동생은 해맑은 표정으로 싱글벙글 웃고 있다. 아기는 여전히 해맑은 얼굴로 엄마의 허벅지를 깨물기도 하며, 일어서기 위해 형의 머리카락을 움켜잡을 때도 있고, 탁자 위에 있는 모든 물건들을 집어던지거나, 형이 어렵게 맞춰놓은 퍼즐 위에 쓰러지듯 앉을 수도 있다.

아기는 그저 서툴 뿐

이가 나기 시작해 잇몸이 간지러운 아기는 간지러움을 해소하기 위해 엄마의 허벅지를 질근질근 깨물 뿐이다. 붙잡고 서는 법을 연습하는 아기는 붙잡을 수 있는 물건으로 형의 머리카락을 택했을 뿐이다. 자신이 형의 머리카락을 잡아당기면 형이 아플 수 있다는 사실은 알지 못한다. 아기에게는 자신이 물건을 던지면 굴러가고 소리가 나는 게 꽤 재미있고 즐거운 일일 수 있다. 또한 걷기 시작한 지 얼마 안 되는 아기는 뒤뚱거리다 균형을 잃어 형이 만들어놓은 퍼즐 작품을 망가뜨릴 수도 있다. 하지만 이런 아기의 행동에는 어떠한 공격적인 의도도 없다.

아기의 이 행동들은 우연히 일어난 것이거나 그저 놀이일 뿐이다. 세 돌이 안 된 유아에게서 심심찮게 나타나는 모습이다. 이때 부모가 지나치게 놀라거나 화를 내며 나무라듯이 반응하는 것은 아기나 상대방 모두에게 도움이 되지 않는다. 아직 행동이 어설픈 아기라는 점을 감안해 부드럽게 행동을 제한하면서 아기가 물어도 되는 것, 잡아도 되는 것, 놀아도 되는 것으로 대체해주는 게 좋다. 아기에게 당한 형과 누나, 언니, 오빠를 위해서는 속상하고 황당한 감정을 공감해주면서 아기에게 악의가 없음을 설명해주면 된다.

끔찍한 두 살?

두 돌 전후로 나타나는 심한 떼 부림도 발달적 미숙함으로 인해 나타나는 공격적 행동이라 할 수 있다. 흔히 '분노발작temper tantrum'이라고 부르는데, 울거나 소리 지르기, 발을 구르거나 발길질하기, 뒹

굴기, 펄쩍펄쩍 뛰기, 씩씩거리거나 몸을 뻣뻣하게 하기 등으로 강하게 분노를 표출하는 것을 말한다. 대개 만 1세에서 만 3세 사이에 나타난다. 성별과 상관없이 나타나며, 특히 만 2세, 즉 걸음마기에 가장 많이 나타나서 '끔찍한 두 살terrible two'이라는 말도 생기게 되었다.

이 같은 심한 떼 부림은 유아들이 자신이 화가 났고 좌절감을 느끼고 있다는 사실을 보여주기 위한 것이다. 졸리거나 피곤하거나 배고프거나 불편함을 느낄 때, 그리고 원하는 것을 얻을 수 없을 때 주로 이런 모습을 보인다. 세 돌 미만의 유아들은 아직 언어적 능력에서 미숙한 점이 많기 때문에 자신의 기분, 욕구, 필요로 하는 것들을 언어를 통해 어떻게 표현해야 할지 잘 알지 못하며 원하는 것을 얻는 방법도 잘 알지 못한다.

어떤 아기들은 부모에게 "주세요!"라고 청하는 법을 배운 후 자신이 원하는 걸 갖기 위해 두 손을 내밀고 "주세요"라고 말하기도 하지만, 그것을 얻지 못하게 되면 크게 좌절하고 화를 낸다. 이 시기에는 참을성도 적어서 화가 나면 바로 화를 내고, 무엇인가를 원하면 즉시 그것을 가져야 하기에 신체적인 힘을 사용한다. 즉 때리고 빼앗고 발로 차며 깨물기도 하고, 이래도 얻을 수 없으면 발버둥을 치고 고래고래 울며 소리를 지른다.

아이들마다 떼 부림의 빈도와 강도는 제각각이다. 기질적으로 까다로운데 부모가 둔감해서 아이의 욕구를 잘 알아차리지 못하고 좌절감을 많이 안겨주면 떼 부림은 더 자주 더 오래 이어질 수 있다.

"내가 스스로 하고 싶어요"

두 돌 무렵에 자주 발생하는 심한 떼 부림은 아이들의 심리적 발달 과업과도 관련이 있다. 생후 18개월에서 만 3세 유아의 심리적 발달 과업은 '자율성'을 획득하는 것이다. 자율성은 환경을 탐색하고 경험하면서 성취감을 느끼고 자기통제감을 얻는 것을 통해 이루어진다. 만일 자율성을 얻지 못하면 아이는 자신의 능력이나 통제력을 의심하고 수치스러워하는 감정을 키우게 된다. 이 시기의 유아들은 끊임없이 다음과 같은 질문을 스스로에게 던진다.

'이걸 내가 스스로 할 수 있을까, 아니면 다른 사람의 도움을 받아야 할까?'

그리고 당연하게도 유아들은 스스로 할 수 있기를 간절히 희망한다. 이런 바람을 이루기 위해 유아는 엄마의 손을 잡지 않고 걸으려 하고 스스로 옷과 음식을 선택하려 한다.

유아의 이와 같은 독립적인 행보는 살아가는 데 필요한 많은 기술과 능력을 습득하고 유능감과 성취감을 주는 것이지만 이 과정에서 부모와의 충돌은 불가피하다. 자신의 요구가 부모에게 받아들여지지 않을 때 유아는 자신이 상황을 다시 통제하고 자신의 의지를 관철시키기 위해 강하게 저항하고 고집을 부린다. 이런 떼 부림은 아이들이 자라는 과정에서 흔히 나타나는 정상적인 모습으로 아이들이 좌절감을 다루는 능력이 향상되면 자연스럽게 감소한다.

언어가 발달하고 긍정적인 훈육을 받은 유아들은 욕구를 보다 적절히 표현하고 좌절을 인내하는 힘을 기를 수 있어 특히 떼 부림이 줄어든다. 유아기의 떼 부림을 다루는 구체적인 방법에 대해서는 뒤에 나오는 '걸음마기 지도법'을 참고하기 바란다.

언어로 놀리기 시작하는 만 3세

유아들의 심한 떼 부림은 30개월경에 절정을 이룬 후 점차 사그라진다. 물론 여전히 친구들이 자신을 방해하거나 공격하면 때리거나 발로 차는 식의 신체적 보복을 하지만, 이런 신체적 공격도 만 3세에서 만 5세 사이에는 점진적으로 줄어든다.

하지만 신체적인 공격이 줄어든다고 해서 공격성이 사라졌다고 보기는 어렵다. 이제 공격성은 집적거리거나 고자질하기, 혹은 별명이나 욕을 하는 식의 언어적 공격 형태로 대체되어 나타난다. 유치원 교실에서 "선생님! 쟤가요~"하며 친구의 작은 실수나 잘못을 지적하거나, 직접적으로 때리거나 치지는 않아도 친구가 싫어하는 행동을 계속 한다거나, 혹은 친구에게 "이 바보야!", "너랑 안 놀 거야!", "멍청아!", "세상에서 제일 못생겼어!", "너 싫어!"라고 말하는 모습을 드물지 않게 볼 수 있다.

공격성의 형태는 아이들이 커가면서 미묘하게 바뀐다. 하지만 여전히 미취학 유아들은 장난감이나 다른 소유물 혹은 영역의 침범 같은 문제 때문에 싸우고 공격적인 행동을 보인다. 즉 미취학 유아가 보이는 공격성은 대부분 도구적 공격성이며, 상대방에게 앙심을 품고 보복을 하려는 적대적 공격성은 그리 많지 않다.

싸운 것을 쉽게 잊는 미취학 유아

미취학 유아에게 적대적 공격성이 적게 나타나는 이유는 이 시기 아이들의 인지적 능력과도 밀접한 관련이 있다. 주의지속력, 기억력, 사회인지 능력은 공격적인 사건을 기억하고 해석하는 데 영향을 미친다. 미취학 유아들은 이런 능력들이 아직 미숙하기 때문에 싸우고 나서도 쉽게 잊고 마음에 깊이 담아두지 않는다. 유아들이 싸울 때 보면 감정이 격해져서 씩씩거리고 사정없이 때리기도 하는데, 이때는 두 번 다시 서로 안 볼 것 같아도 잠시 후에는 언제 그랬느냐는 식으로 둘이 낄낄거리며 함께 논다.

어른들이 보기에는 매우 이상하고 이해가 되지 않는 상황이지만 유아들의 인지적 발달 수준을 생각하면 수긍이 간다. 유아들의 주의지속력과 기억력은 아직 충분히 발달하지 않았기 때문에 나쁜 감정도 오래가지 않으며 금세 까먹는다. 그래서 일단 갈등이 해결되면 조금 전까지 싸웠던 아이들이 아무 일도 없었던 것처럼 같이 놀 수 있는 것이다. 또한 이 시기의 아이들은 아직 명예나 체면과 같은 추상적이고 인격적인 가치를 잘 인식하지 못한다. 그래서 갈등을 자기 명예를 훼손시킨 것으로 여기지 않아 복수하거나 똑같이 갚아줄 필요를 느끼지 못한다.

하지만 미취학 유아라고 하더라도 공격성이 빈번히 오가는 상황에 노출되거나 갈등이 원만하게 해결되지 못한 경험을 했거나 혹은 상대방이 자신을 고의적으로 괴롭힌다고 생각하면 적대적 공격성을 드러낼 수 있다. 따라서 어리다고 해서 적대적 공격성을 보이지 못한다는 식의 해석은 위험하다. 아무리 어린아이라 하더라도 자신에게 주어진 경험에 따라 상황을 해석한다는 점을 잊으면 안 된다.

학령기의 공격성

만 6세에서 만 12세의 초등학생은 미취학 유아에 비해 언어적, 인지적 능력이 현저하게 향상된다. 이로 인해 물건, 영역, 권리에 관한 갈등 상황을 보다 우호적으로 해결하는 능력을 갖추게 된다. "그럼 우리 가위바위보로 정할까?", "이번에 네가 먼저 하니까, 다음번에는 내가 먼저 하는 거야", "투표로 정하자!", "이거 빌려줄게. 그거 한 번만 하게 해줄래?"와 같이 목표를 성취하기 위해 협상을 하고 문제를 해결할 수 있는 효과적인 방법을 제안한다.

협상 및 문제해결 기술은 학년이 높아지면서 향상된다. 이와 함께 직접적인 신체적 충돌과 같은 전반적인 공격성도 줄어든다. 하지만 한편으로는 언어와 인지 능력의 발달로 인해 적대적 공격성이 증가하기도 한다.

당한 만큼 되갚아주고 싶은 마음

학령기 아동은 이제 인지적으로 타인의 부정적인 의도를 분명하게 알아차릴 수 있다. 기억력도 보다 발달하여 어떤 사건이 끝난 후에도 오랫동안 그때의 분노를 잊지 않고 기억할 수 있다. 사회성이 발달하면서 관계는 어느 한쪽에서만 일방적으로 이루어지는 게 아니라 상호성을 지닌다는 점을 알게 되어 '똑같이' 해주는 것에 가치를 둔다. 만약 자신이 상처를 받으면 상대방에게 똑같이 해줘야 한다고 생각한다.

되갚아주려는 행동은 특히 만 6세에서 만 8세 사이의 아이들에게서 많이 나타난다. 저학년 시기에는 아직 상황의 다양한 측면까지 통합해서 인지하는 능력이 떨어지기 때문에 의도적인 행동과 우연히 일어난 행동을 잘 구별하지 못한다. 때문에 고의가 있든 없든 간에 자신에게 상처를 준 행동들은 모두 '의도'가 있는 것으로 해석하는 경향이 있다. 이렇게 상대방의 행동을 '고의적인' 것으로 해석하며 '눈에는 눈, 이에는 이'라는 식으로 갚아주고 싶은 마음이 자연스럽게 적대적 공격성으로 이어진다.

친구와 비교하느라 힘들다

학령기 아동들에게서 적대적 공격성이 많이 보이는 또 다른 이유는 또래와 경쟁하는 상황이 많아지기 때문이다. 만 8세에서 만 12세 아동들은 동년배의 또래와 자신을 많이 비교한다. 따라서 또래의 성취에 위협을 느끼게 되고, 친구를 경쟁에서 눌러버림으로써 자신의 위치를 확고하게 하려 한다.

경쟁심이 밑바탕에 깔려 있는 상태에서 모둠활동이나 게임, 운동 경기를 할 때 사소한 의견 충돌이나 오해가 생기면 순식간에 격한 갈등으로 확산될 수 있다. 또래를 모욕하거나 조롱하고 비난하는 언어적 공격은 물론이고 몸싸움을 하거나 편을 갈라 대치하는 일이 벌어지기도 한다.

이런 상황은 아이들에게서 똑같이 갚아주려는 마음이 사라질 때까지 며칠에서 몇 달간이나 지속되기도 한다. 주로 남자아이들 사이에서 이런 일이 많이 관찰된다. 여자아이들에 비해 남자아이들은 자신이 옳다고 믿거나 또래들 사이에서 체면을 유지하기 위해 복수하고 공격하는 것을 나쁘게 생각하지 않는 경향이 있기 때문이다. 실제로 남자아이들은 '되받아치는', 즉 공격을 받아 응수하는 행동을 도덕적으로는 옳지 않더라도 정상적인 행동으로 본다. 앞서 말한 것처럼, 남자아이들이 드러나게 대치하고 경쟁하는 모습으로 공격성을 행사한다면 여자아이들은 좀 더 은밀한 방식을 선호한다. 자기편을 더 많이 만들기 위해 노력한다거나 상대방에 대한 좋지 않은 소문을 퍼뜨려 평판에 흠집을 내고 소외시키는 식이다.

때리는 대신, 조롱하고 놀리기

학령기 아동들이 적대적 공격성을 표출하는 방법은 신체적인 방식보다는 언어적인 방식으로 나타날 때가 많다. 학령기 아동들은 영유아기를 거쳐 오면서 신체적인 공격성이 초래하는 결과를 잘 알게 되었다. 누군가를 때리거나 다치게 하면 자신도 처벌과 비난을 받게 되며 원하는 목적을 달성하는 것도 어려워진다는 점을 깨닫게 된 것이다.

따라서 학령기 아동들은 좀 더 정교하고 눈에 잘 띄지 않는 방식으로 공격성을 행사한다. 조롱하기, 놀리기, 별명 부르기처럼 언어를 이용한 공격적 전략을 사용하는 것이다. 이렇게 말로 상대방을 기분 나쁘게 하고 상처를 주는 일은 눈에 띄는 흔적을 남기지 않는다. 물리적인 증거가 없기 때문이다. 물거나 할퀴고 때리면 상처 자국이나 멍이 남지만 말로 하는 공격은 설령 어른에게 들킨다 해도 "그런 적 없는데요?" 혹은 "그냥 장난한 건데요?"라는 식으로 빠져나가기 쉽다. 게다가 대체로 어른들은 신체적 공격에는 엄격해도 언어적 공격에는 상대적으로 관대한 편이다.

언어적 공격은 신체적 힘이 약해도, 또 상대방과 힘으로 직접 겨루지 않고도 짧은 시간 동안 모욕감과 수치심, 때로는 위협감과 같은 부정적인 느낌을 전달할 수 있다. 바로 이 점에서 말로 하는 공격은 때리는 것만큼이나 위력이 있기도 하다.

청소년이 되면 달라질까?

이처럼 학령기가 되면 누군가를 공격할 때 언어적 전략을 보다 많이 사용하기 때문에 겉으로 드러나는 싸움이나 물리적으로 과격한 행위는 줄어든다. 하지만 그렇다고 해서 반드시 이 아이들이 온화하고 평온한 청소년이나 성인으로 큰다고 장담할 수는 없다. 대부분의 아이들이 성숙해지면서 신체적 공격성이 줄었다고 하더라도 강한 공격성을 지닌 일부 아이들은 청소년이 되면서 더욱 과감해지고 폭력적이 되기도 한다.

2001년 미국 보건성의 자료에 따르면 폭행이나 다른 심각한 형태의 폭력을 저질러서 청소년들이 체포당하는 일이 17~18세 때 극적으로 증가했다고 한다. 2008년부터 2017년까지 10년간 우리나라 청소년 범죄 통계 자료를 보면 역시 형법 범죄자율이 가장 증가한 연령이 17~18세로 나타났다. 이미 세계 범죄학계에서 10대 후반의 범죄율이 가장 높다는 것이 정설이라는 점을 감안하면 새로운 결과도 아니다.

이 통계 결과는 청소년기의 공격성이 이미 비행과 반사회성으로 넘어갔음을 의미한다. 외현적으로 드러나는 반사회적인 행동이 아니더라도 SNS에 악플을 달거나 마녀사냥 식의 음해를 하는 일도 드물지 않다. 2011년 한국인터넷진흥원에서 실시한 인터넷윤리문화실태조사에 따르면, 10대 청소년의 73.8퍼센트가 인터넷상에서

허위 사실을 유포한 경험이 있으며, 76퍼센트는 사이버 폭력을 한 적이 있다고 응답했다.

상황이 이렇다면 나이를 더 먹었다는 이유로 우리의 청소년들이 아동일 때보다 더 나은 행동을 할 거라고 기대하는 것은 너무 순진한 생각인지도 모른다. 물론 많은 청소년들은 가정과 사회의 기대에 부응하고자 애쓰며 올바른 도덕적 사고를 하고 있다. 하지만 어떤 청소년들은 기질과 환경적 요인 때문에 여전히 강한 공격성을 보이고 있다. 어른들이 이 점을 외면하거나 무시하면 이 아이들의 남은 인생은 꽤 거칠고 험난할 수 있다. 우리가 정말 사랑하는 자녀들의 삶을 위해서 아이가 성장하는 동안 문제가 될 만한 요인들을 미리 살피고 대처하는 일이 매우 중요하다.

지금까지 영유아기부터 학령기 아이들의 공격성을 대략 살펴보았다. 이제부터는 아이들의 발달단계를 좀 더 세분화해서 각 시기에서 보이는 공격성의 특징을 더 구체적으로 살펴보려 한다.

◆

CHAPTER 2

영아기 지도법

0세에서 생후 약 15개월

아기는 새로운 세상을 탐색하는 중

생후 11개월 된 민서는 유아용 식탁 의자에 앉은 채 울면서 팔다리를 버둥대고 있다. 식탁 위에 놓인 오빠의 자동차를 만지고 싶어 안달이 난 것이다. 하지만 민서의 몸은 의자의 안전띠에 묶여 있고 넓은 식판 때문에 민서의 짧은 팔은 자동차에 닿지 않는다. 엄마는 "얌전히 있어"라고 말하고 민서의 입에 음식을 넣으려 한다. 민서는 팔로 엄마의 손길을 뿌리친다. 그 바람에 음식이 담긴 숟가락이 바닥에 내팽개쳐진다.

"이 녀석! 이게 뭐야!"

엄마가 소리를 지르자 민서는 더 크게 팔다리를 버둥거리며 울어댄다. 엄마가 민서를 안아 올리려 하자 민서는 머리로 엄마의 얼굴을 박아버린다. 안경을 쓰고 있던 엄마는 하마터면 안경이 깨지는 큰 사고를 당할 뻔했다.

아직 돌이 안 된 아기를 키우다 보면 가슴을 쓸어내리는 위험천만한 상황들에 처할 때가 있다. 지인의 결혼식에 가게 되어 모처럼 치렁치렁한 귀걸이로 멋을 부렸다가는 귀가 찢어질 수도 있다. 반짝이는 모빌을 닮은 귀걸이를 보고 아기가 호기심에 귀걸이를 사정없이 잡아챌 수 있기 때문이다. 부모의 안경을 잡아 빼고 던지고 떨어뜨리거나, 울면서 사정없이 부모의 얼굴을 할퀴며 머리카락을 잡아당기기도 한다. 수유를 할 때 젖꼭지를 세게 물거나, 먹으면 안 될 것을 입에 넣어 부모가 빼주려고 하면 부모의 손가락을 깨물기도 하고 심지어 벽에 머리를 박으며 울어대는 경우도 있다.

영아기 아기들도 자신이 원하는 것을 갖거나 지키기 위해 도구적 공격성을 나타낼 때가 있다. 하지만 아기들에게 나타나는 그런 행동의 상당수는 세상을 탐색하는 과정에서 발생한다. 태어난 지 얼마 되지 않아 주변의 모든 것이 새롭고 신기한 아기는 보이는 모든 것을 만지고 입에 넣고 던지고 굴리며 자신이 살아갈 세상을 탐색하는데, 부모가 이를 못 하게 하면 좌절하고 분노하여 성질을 부리는 것이다.

칭얼대는 아기,
관심을 돌리고 환경을 바꿔주자

아직 말을 제대로 할 수 없는 아기들은 주로 울음과 발버둥으로 자신의 좌절감을 드러낸다. 아직 생리적인 상태에 영향을 많이 받는 아기들은 졸리고, 아프고, 배고프고, 기저귀 상태가 좋지 않을 때 불쾌감을 느끼는데 이럴 때도 울고 짜증내는 것으로 자기 감정을 표현한다. 이 과정에서 자신을 달래려는 부모를 발로 차거나 쥐어뜯는 등 공격적인 행동을 보인다.

하지만 이 시기의 아기들은 자신의 행동이 부모를 아프게 하거나 다치게 할 수 있다는 생각을 하지 못한다. 아기의 행동은 결과적으로는 공격적이지만 고의적이지는 않다는 말이다. 그렇다면 행동에 고의성이 없기 때문에 어린 아기들이 보이는 공격적인 행동들을 그냥 두고 보아야 할까?

아기의 주의를 딴 곳으로

아기가 뭔가에 좌절해 울고 깨물고 발로 차는 행동을 계속하도록 그냥 내버려둔다면 아기는 오랫동안 스트레스에 노출되게 된다. 아직 어리기만 한 아기는 자신의 감정을 추스르고 문제를 해결할 능력이 없다. 그래서 그 상황을 벗어날 수 있는 기회가 주어지지 않으면 그저 스트레스를 받고 있을 수밖에 없다. 스트레스는 심장질환과 면역계 질환을 비롯한 다양한 신체적 질환을 일으키기도 하고 심리적 증상과도 관련이 있어서 영아기 아이들의 성장에 매우 해롭다. 이런 이유로 영아기 아이들이 좌절감과 같은 스트레스 반응을 오래 겪지 않도록 부모가 반드시 개입해야 한다.

가장 좋은 방법은 아기의 주의를 다른 곳으로 돌리는 것이다. 어린 아기는 뭔가에 오래 집중하지 못하고 기억력도 그다지 좋은 편이 아니어서 관심을 돌리는 일이 어렵지 않다. 만지면 안 될 것을 뺏겼다고 발버둥을 치며 격하게 반응하는 아기도 관심사를 다른 곳으로 유도해주면 언제 울었냐는 듯이 금세 눈물을 그친다.

아기가 뜨거운 커피를 만지려 한다고 해보자. 이때는 아기에게 길고 장황하게 이유를 설명해주는 것보다는 "이건 안 돼! 뜨거운 거야! 앗, 뜨거!"라고 말해주며 아기의 흥미를 끌 만한 다른 물건을 보여주는 게 백 번 효과적이다. 만일 이렇게 했는데도 아기가 계속 커피 잔에 손을 대려 하면 아기의 행동을 강하게 저지하며 안고 일어나 다른 곳으로 이동해서 관심을 딴 데로 돌려주면 된다. 아기들은 눈에 보이지 않으면 더 빨리 잊는다.

스킨십으로 안정감 느끼게 하기

아기를 진정시키는 방법으로 가장 좋은 것은 감각적 자극을 제공하는 것으로 안아 올리기, 포대기로 업기, 몸 쓸어주기, 흔들어주기, 토닥토닥해주기 등이 있다. 아기들마다 차이가 있어 어떤 아기들은 안아서 흔들어주는 것을 좋아하고, 어떤 아기는 포대기에 업혔을 때 빨리 진정된다. 하지만 말로만 달래는 것보다 아기와 부모의 피부가 맞닿아 있는 상태에서 부드럽게 쓰다듬어주거나 토닥토닥해주면 아기는 훨씬 더 안정감을 느낀다.

촉각은 여러 감각계 중 가장 빨리 발달하는 감각이자 가장 폭넓게 분포되어 있는 감각이다. 아기들은 촉각을 통해 세상의 많은 것들을 받아들이기 때문에 부모와 스킨십을 할 때 아기는 빠르게 안정된다. 또 아기는 피부를 지그시 눌러줄 때도 편안함을 느끼는데, 그래서 아기를 진정시킬 때 아기의 몸을 전체적으로 감싸 안아 손바닥으로 등을 쓸어내려주면 좋다. 아기를 진정시킬 때 특히 효과적인 방법은 포대기로 업어주는 것이다. 포대기로 아기의 몸 전체를 탄탄하게 감싸주면 아기의 피부에 지속적이고 안정적인 압박을 주어 보다 빨리 진정 효과가 나타난다.

이렇게 안거나 업어준 상태에서 몸을 앞뒤 혹은 옆으로 흔들어 주면 더욱 좋다. 아기는 엄마 뱃속의 양수에서 둥둥 떠서 몸과 머리가 부드럽게 움직이는 환경에서 열 달을 보냈기에 불편함을 느낄 때 엄마 뱃속에서 느꼈던 것과 같은 '편안한 흔들림'을 주면 쉽게 안정감을 느끼게 된다.

배고프면 먹이고, 졸리면 재우고

아기의 욕구를 빨리 충족시켜주는 것도 울며 발버둥치는 아기를 위한 아주 중요한 양육법이다. 아기는 아직 배고픔과 졸음 같은 생리적 불편감을 오래 참지 못한다. 기질적으로 예민한 아기는 특히 그런 상황에서 강하게 불만을 표현하는데, 이럴 땐 다른 데로 관심을 돌리려 해도 잘 되지 않는다. 그러니 굳이 시간만 낭비하지 말고 빨리 수유를 하거나 기저귀를 갈아주고 재우는 게 상책이다.

아기만을 위한 환경으로

보다 더 좋은 방법은 아기만을 위한 환경을 조정해주는 것이다. 부모가 제때 먹이고, 자주 기저귀를 살펴주고, 규칙적인 수면 습관을 들이는 환경을 만들어주는 것만으로도 아기의 행동을 바꿀 수 있다. 세상을 탐색하려는 아기의 행동이 타인에게 피해를 줄 때 '주의를 딴 데로 돌리기'와 함께 사용할 수 있는 방법이 '환경 조정'이다.

아기가 엄마의 찰랑거리는 귀걸이를 유심히 보고 만지려 한다면 "어머, 저기 인형이 있다!"라고 말해보자. 이때 아이가 잠시 그곳을 쳐다볼 때 엄마는 얼른 귀걸이를 빼서 숨기면 된다. 위험한 것이나 만지면 안 될 물건은 아기가 볼 수 없고 만질 수 없는 곳에 옮겨놓아야지, 아기에게 참으라고 하는 것은 옳지 않다.

물론 집 안의 모든 물건을 아기가 보지 못하는 곳에 옮겨놓을 수는 없다. 이때는 아기와 아기의 안전한 환경을 위해 탐색해도 될 만한 물건들을 주변에 놓아주거나, 마음껏 던지고 움직여도 되는 장소로 아기를 데려가야 한다. 만일 아기가 거울을 향해 플라스틱 딸랑이를 던진다면 거울이 깨지고 아기가 다칠 수도 있다. 그러므로 부모는 얼른 플라스틱 딸랑이를 치우고 볼풀공이나 천으로 만든 작은 인형을 옆에 놔주고 관심을 유도해야 한다.

만약 아기가 플라스틱 딸랑이를 손에 쥔 채 놔주지 않고 거울을 향해 던지려는 행동을 계속한다면 어떻게 해야 할까? 그럴 땐 부드럽게 웃으며 "그쪽은 안 돼. 그럼 거울이 깨져!"라고 말해준 후 재빨리 거울을 치운다. 만약 거울을 치울 수 없는 상황이라면 부모가 아기 앞에 마주앉아 담요 위나 바구니 안으로 던지도록 하면 된다. "여기에 던지세요. 자, 슛!" 하고 흥미롭게 추임새를 넣어주거나, 부모가 다른 물건을 던져도 되는 장소에 던지는 모습을 보여주면 대부분의 아기들은 부모가 이끄는 대로 따라온다.

아기의 행동을 제한해야 할 때는 짧고 간단하게 "안 돼!"라고 일관적으로 말해주는데, 이때 말이 너무 강압적이거나 날카롭게 들리지 않도록 주의해야 한다. "안 돼!"라는 말과 함께 손으로 X 표시를 해주는 것도 좋다. 이렇게 자꾸 하다 보면 아기는 "안 돼!"라는 말을 들었을 때 잠시 멈추는데, 그 순간 "옳지!", "아유, 착해라!" 하고 반갑게 칭찬해주면 된다.

아기가 잘못된 행동을 할 때 주변 사람들이 너무 예민하고 강하게 반응하면 오히려 아기가 그 행동을 반복할 가능성이 높아진다. 너무 소란스럽게 대응하기보다는 간단히 "이건 깨지는 거라서 안 돼. 다치거든!" 하고 가볍게 말해주며 다른 곳으로 아기를 데려가거나 주의를 돌리는 게 가장 좋다.

우는 아기 달래는 법

미국 심리학자 다이앤 파팔리아 Diane E. Papalia 와 그의 동료들은 우는 아기를 달래는 법을 다음과 같이 정리했다. 아기가 자주 울어서 힘들거나 경험이 없는 초보 부모라서 당황스럽다면 이 노하우를 활용해 현명하게 극복해보자.

- 아기를 어깨 위로 안아주어 주변이 잘 보이도록 한다.
- 뭔가를 빠는 행위는 아기를 진정시켜주는 효과가 있으므로 아기에게 공갈젖꼭지를 준다.
- 담요로 아기를 단단하게 감싸준다.
- 아기의 자세를 바꿔준다.
- 방의 온도를 바꾸거나 아기의 옷을 입히거나 벗긴다.
- 아기를 유모차에 태운다.
- 잠시 울더라도 아기 몸을 마사지해준다.
- 아기는 성인의 스트레스에 울음으로 반응하기 때문에 부모가 화가 난 상태라면 다른 사람에게 잠시 아기를 봐달라고 부탁한다.

CHAPTER 3

◆

∧∧∧∧∧∧∧∧∧∧∧∧∧∧∧∧∧∧

걸음마기 지도법
생후 약 15개월에서 30~36개월

∧∧∧∧∧∧∧∧∧∧∧∧∧∧∧∧∧∧

제법 걸어도
감정 표현은 서툴다

24개월 된 현준이는 아빠가 잠시 화장실을 간 사이 아빠의 핸드폰을 집어 이리저리 눌러본다. 돌아온 아빠는 이 모습을 보고 "현준아! 안 돼!" 하며 현준이 손에서 핸드폰을 빼앗는다. 현준이는 "내 거야, 내 거야"라고 소리치며 아빠 손에 있는 핸드폰을 잡으려 한다. 아빠는 다시 "아니야, 이건 아빠 거야! 이건 아이가 만지는 게 아냐!"라고 말하지만 현준이는 눈물까지 흘리며 "아냐, 아냐. 내 거야. 줘!"라며 소리를 지르고 발까지 구르기 시작한다. 아빠가 모른 척을 하고 등을 돌리자 현준이는 아빠에게 달려와 매달리더니 손을 버둥대 핸드폰을 잡으려 한다. 아빠가 현준이의 손을 잡자 현준이는 고개를 숙여 아빠의 손을 문다.

걸음마기 아기들은 영아기 아기들에 비해 이동 능력이 훨씬 좋다. 부모의 도움 없이 혼자서도 움직일 수 있게 된 아기들은 주변 환경에 대해 적극적이고도 매우 담대한 탐색자가 되어 주변에 있는 모든 사물을 만져보고 냄새 맡고 맛보고 조사하고 조작하려 한다.

걸음마기 아기들은 자신의 이런 능력과 행위에 대단한 자부심을 느끼며, 이를 통해 부모와 분리된 존재로서 자신의 위상을 확립하고자 한다. 걸음마기 아기들이 느끼는 이런 자부심은 부모의 입장에서 보면 여간 골치 아픈 일이 아니다. 스스로 독립된 존재라고 인식하고 이 점을 추구한다는 것은, 다시 말하면 걸음마기 아기들이 자기 욕구를 강하게 주장하고 제멋대로 행동한다는 것을 의미하기 때문이다.

독립의 욕구가 최고조에 달하는 시기

걸음마기 아기들이 비록 제법 잘 걷고 간단한 말을 할 수 있게 되었어도 여전히 발달 능력은 미숙하다. 무엇이 안전하고 위험한지, 옳고 그른지를 판단하는 능력이 없는 데다 이제 겨우 기다리고 나누고 차례 지키는 일을 배우기 시작한 상태다. 그래서 이 시기의 아이들이 독립성을 추구하는 것은 종종 위험하고 그릇된 결과를 낳을 수 있다.

부모는 걸음마기 아기들을 보호하기 위해 종종 아기들의 행동에 제한을 두게 된다. 이 과정에서 걸음마기 아기들은 현준이처럼 강하게 저항하며 손을 깨무는 등의 공격성을 보이기도 한다. 독립의 욕구가 최고조에 달한 걸음마기 아기들의 저항은 정말 만만치 않다. 어찌나 유별난지 학자들은 '분노발작'이라는 이름까지 지어주었다. 이 분노발작 때문에 걸음마기를 두고 서구에서는 '끔찍한 두 살', 우리나라에서는 '미친 세 살'이라고 부를 정도다.

이 끔찍한 두 살은 신체적 공격성이 가장 강하게 나타나는 시기로, 이 시기의 아기들은 사랑하는 부모뿐 아니라 어린 동생까지 때리고 꼬집고 무는 등 공격적인 모습을 보인다. 아기들이 이렇게 행동하는 이유는 자신의 독립성과 자율성을 방해받았기 때문이지만, 자기 욕구를 제대로 표현할 정도로 아직 언어가 충분히 발달하지 못해서이기도 하다.

"아직 말은 어려워요!"

걸음마기 아기들은 말은 하지만 자신의 감정과 생각을 전달할 때 아직은 말보다 행동에 더 많이 의존한다. 이 시기에는 높은 곳에 있는 물건을 갖고 싶을 때 "아빠, 저기 위에 있는 곰인형 좀 꺼내줘!"라고 말하기보다는 "아빠, 아빠"라고 부르며 아빠 손을 끌고 곰인형이 놓여 있는 책장으로 간다. 그리고 손가락으로 위를 가리키며 "저거, 저거!"라고 조르기 시작한다.

단순한 상황에서도 이처럼 간단히 말하는데, 자신의 욕구와 감정과 같은 복잡한 사항을 언어로 표현하는 것은 걸음마기 아기들에게 매우 어려운 일이다. 화는 나고 어떻게 표현해야 할지는 잘 모르 겠고 아직 자기조절력은 턱없이 부족하니, 걸음마기 아기들은 때리 고 물고 밀고 쥐어뜯고 차는 행동으로 소통하려 한다. 부모는 분노 발작을 보이는 걸음마기 아기에게 달려가 "말로 해야지!"라고 말하 지만 잔뜩 화가 나고 좌절한 아기는 어떻게 말로 해야 할지 알지 못 한다.

걸음마기 아기에게
감정 표현을 가르치는 일

걸음마기 아기들은 몇 년 안에는 다른 방식의 표현법을 배워야 한다. 뭔가 자기 마음대로 잘 풀리지 않을 때 상대방의 손을 깨무는 것이 아니라 사회적으로 받아들여질 만한 비공격적인 방식으로 욕구와 감정을 표현하고 조절하는 방법을 배워야 한다. 이런 가르침을 제공하는 것은 당연히 부모가 해야 할 일이다. 아기가 비공격적인 표현법을 배우는 그날을 위해 부모는 무엇을 해야 할까?

아기의 분노발작에 압도되지 않으려면

걸음마기 아기가 분노발작을 시작하면 그 강도는 어린 아기라고 믿기 어려울 정도로 세다. 부모가 보기에는 그리 대단하지 않은 일, 예를 들어 엘리베이터 버튼을 엄마가 먼저 눌렀거나 뽑기 기계를 그냥 지나쳤다는 사소한 일로 난리법석을 친다. 부모는 나름대로 아이에게 안 되는 이유를 설명해주지만 막무가내로 화를 내는 아기를 보면 어떻게 해야 할지 몰라 좌절하고 분노하곤 한다. 달래려는 시도가 몇 번 무산되면 부모는 이성을 잃고 같이 화를 내거나 아이를 감정적으로 처벌하게 될 수 있다.

걸음마기 아기의 분노발작을 다루기 위해서는 부모가 침착함을 유지하는 일이 가장 중요하다. 부모 자신의 분노 감정으로 인해 상황을 더욱 복잡하게 만들어버릴 수도 있기 때문이다. 걸음마기의 분노발작은 걸음마기를 대표하는 행동 특성임을 잊지 말자. 부모가 나쁘거나 아기가 특별히 이상해서가 아니다. 아기가 자율성을 획득하는 과정에서 일시적으로 보이는 행동 특성임을 이해하면서 이 또한 지나가고 해결될 것이라는 믿음으로 아기의 행동에 압도되지 않는 것이 중요하다.

아기가 평온을 되찾도록 도와주기

걸음마기 아기들은 자신이 하고 싶은 것과 실제로 할 수 있는 것의 커다란 괴리 때문에 좌절하곤 한다. 이런 좌절이 분노발작으로 표현된다. 아직은 자기조절력이 부족해서 좌절감을 견뎌내는 능력이 약하기 때문에 부모는 아기가 좌절감을 극복하고 평온을 되찾을 수 있도록 옆에서 도와줘야 한다. 따라서 걸음마기 아기들이 분노발작을 보일 때 부모가 해야 하는 첫 번째 일은 잘못을 꾸짖는 게 아니라 기분이 진정되도록 도와주는 것이다.

걸음마기 아기들을 빨리 진정시키기 위해서는 역시 주의를 분산시켜주는 방법이 효과적이다. 즉 아기가 좌절 상황에서 벗어나 긍정적 정서를 불러일으키는 장난감이나 다른 활동들로 새롭게 주의를 기울일 수 있도록 유도하는 것이다. 두세 돌 정도 된 아기라면 '타임아웃' 방법을 사용할 수 있다. 타임아웃은 특정 공간에서 잠시 동안 머물도록 하는 방법으로, 방의 한쪽 구석이나 특정 의자를 타임아웃 장소로 정해두고 일관성 있게 활용하면 아기는 그 장소를 떠올리는 것만으로도 좀 더 빨리 진정될 수 있다.

이때 장소는 안정되고 편안한 자리를 만들어주는 것이 중요하다. 어떤 아기는 안전하고 조용한 장소에 있으면 좀 더 빨리 진정되기도 한다. 벌받는 느낌을 주는 곳이 아닌 마음을 추스르기 위한 편안한 공간을 만들어 그곳에서 진정되는 경험을 하게 하면 아기의 자기조절력을 키우는 데 좋다.

아기가 좋아하는 동화책이나 작은 장난감들, 엄마 냄새가 배여 있는 베개, 폭신폭신한 쿠션과 봉제인형이 놓인 공간을 마련한 뒤 "이 공간은 힘들고 화날 때나 마음을 편안하게 해야 할 때 찾는 공간이야"라고 알려준다. 아기와 함께 그 공간을 꾸미고 "행복방", "토닥토닥 자리" 식으로 공간에 이름을 붙여주면 더욱 좋다.

아기가 마음을 다스려야 하는 상황이 오면 "지금은 많이 화가 났구나. 마음을 진정시켜야겠다. 토닥토닥 자리로 가자!"라고 말하며 아기를 그곳으로 이끌면 된다. 아기의 마음이 진정되었을 때는 마음을 잘 다스린 것을 격려해준다. 만일 아기가 화가 날 때 스스로 그곳을 찾으면 듬뿍듬뿍 칭찬해준다.

안전과 관련된 일에서는 물러서지 않는다

걸음마기 아기 자신이나 혹은 주변에 있는 타인의 안전이 위협받을 상황이 발생했다면 부모는 지체 없이 개입해야 한다. 예를 들어, 아기가 외식 장소에서 뜨거운 전골냄비의 음식을 국자로 뜨겠다고 고집을 부리거나, 카페에서 옆 사람의 노트북을 만지려고 한다면 즉각적으로 막아야 한다. 이런 상황을 그냥 방치하거나 너무 느리게 개입하면 아기가 화상을 입거나 타인의 노트북이 고장 나게 될 수 있다. 아기가 만지면 안 되는 물건은 즉시 아기의 손이 닿지 않는 곳으로 옮기고, 이게 여의치 않을 때는 조용하고 안전한 장소로 아기를 데려간 후, 그곳에서 진정하는 시간을 갖도록 한다.

공공장소에서 막무가내로 떼를 부릴 때도 이 원칙이 적용된다. 만일 아기가 마트의 장난감 코너에서 떼를 쓴다면 어떻게 해야 할까? 이는 위험한 상황은 아니지만 여러 사람이 모인 장소에서 불쾌감을 주는 행위가 되므로 아기를 데리고 사람이 별로 없는 화장실이나 계단으로 가 아기가 진정될 때까지 그곳에서 머물 필요가 있다.

이곳에서 부모가 해야 할 일은 아기의 부정적인 정서와 행동이 긍정적인 방향으로 바뀌도록 도와주는 것이다.

아기가 계속 원래 있었던 곳으로 돌아가자고 떼를 쓰면 이렇게 말해준다.

"우린 그곳으로 다시 갈 거야. 하지만 네가 기분이 좋아지기 전까지는 여기 있어야 해. 지금은 많이 화가 나 있고 울고 있어서 갈 수가 없어. 울음을 그치면 그때 갈 거야."

그런 다음 부모는 계속해서 아기의 기분을 전환시킬 기회를 찾아야 한다. 눈물로 얼룩진 아기의 얼굴을 보며 "저런, 얼굴이 눈물로 범벅이 되었네. 우리 ○○이의 예쁜 얼굴이 말이야. 엄마가 얼굴 좀 닦아줘야겠다"라고 말하며 세면대 쪽으로 가보면 어떨까? 그리고 신기하게 생긴 수도꼭지로 아기의 관심을 돌리거나 수돗물을 손가락으로 막아 물이 튀기는 것을 보여주는 식으로 아기가 재미있고 긍정적인 호기심을 갖도록 유도해준다.

"와, 이거 정말 신기한데! 우리 집은 돌려야 물이 나오는데, 이건 손잡이를 위로 드니까 물이 나와! 와, 신기하다. 이리 와봐. 엄마가 안아줄게. 너도 한번 해봐!"

이런 식으로 하면 된다. 아기가 수도꼭지에 정신이 팔려서 울음을 그치고 기분이 좋아지면 "와! 이제 기분이 좋아졌구나. 울음도 그쳤고. 이제 다시 우리 자리로 돌아갈 수 있겠다"라고 말하며 돌아가면 된다.

규칙은 일관성 있게 지켜야 한다

규칙은 반드시 지켜야 한다. 규칙을 지키지 않아도 아무런 제지도 받지 않고, 규칙이 이랬다저랬다 자주 바뀌면 아이들은 규칙을 지킬 필요성을 느끼지 못한다. 규칙은 지켜질 때 가치가 있는 것이다. 규칙이라고 정했으면 다소의 우여곡절이 있더라도 꼭 지킬 수 있도록 지도해야 한다.

따라서 굳이 지킬 필요가 없는 것은 규칙으로 만들 필요가 없다. 불필요하고 너무 많은 규칙은 부모와 아이 모두를 지치게 할 뿐이다. 예를 들어, '과자 부스러기를 흘리지 않고 먹기'나 '장난감 정리정돈하기'와 같은 것은 걸음마기 아기들이 능숙하게 해내는 데 어려움이 있다. 이런 것은 규칙보다는 권고사항으로 생각하고 그런 상황이 발생했을 때 지도해주고 도와주어 아기가 잘 배울 수 있게 해주자.

모든 부모는 처음에는 규칙을 준수하려고 애를 쓰지만 아기의 저항이 만만치 않으면 당황하고 아기의 울음소리와 떼 부림에 금세 압도되어버린다. 그러면 부모는 규칙을 준수하는 게 중요하기보다는 당장 아기가 울지 않고 떼를 부리지 않게 하는 일이 더 시급하게 느껴진다. 그래서 부모가 스스로 규칙을 어기기도 한다. 예를 들면, 밥 먹기 전까지만 유튜브 동영상을 보기로 했는데 밥이 차려진 후에도 아기가 핸드폰을 쥐고 내놓지 않으려고 악을 쓴다면, 부모는 처음에는 "안 돼! 엄마랑 약속했잖아! 밥 먹을 땐 안 돼! 어서 이리 핸드폰 내놔!"라고 말한다. 하지만 아기가 뜻을 굽힐 기미가 보이지 않으면 이 싸움에 지쳐서 "그럼 하나만 더 보는 거야, 알았지?" 혹은 "그럼 대신에 밥 잘 먹어야 해"라고 말하게 된다.

"엄마, 하나만, 하나만!" 하고 사정하는 아기에게 "진짜 하나만이다!", "이번 한 번만 봐준다!"라며 아기의 제안을 마지못해 받아들이는 부모도 있다. 이렇게 되면 앞으로 부모는 아이의 떼 부림을 다루는 일에서 큰 어려움을 겪게 될 것이다. 걸음마기 아기는 자신의 협상 능력에 크게 만족하며 이제 앞으로 일어나는 모든 상황에서 협상을 남발할 것이기 때문이다. 엄마가 "밥 먹자!"라고 하면 "사탕 하나 주면 먹지!"와 같은 식으로 행동할 수 있다. 부모가 너무 쉽게 물러서는 것, 규칙을 자꾸 바꾸는 것은 이제 세상의 규칙을 배워나가는 걸음마기 아기에게는 해서는 안 되는 일이다.

체벌이나 위협적 언행은 피한다

걸음마기 아기들은 늘 호기심으로 눈을 반짝인다. 매우 적극적인 학습자인 걸음마기 아기들은 자신에게 보이는 모든 것, 그리고 자신이 경험한 모든 것을 따라 하고 연습한다. 그야말로 아기 앞에서 뭘 하는 게 겁날 정도다.

만일 부모가 아기의 잘못을 바로잡겠다며 눈을 부라리고 거친 말을 하고 때리는 행동을 하면 걸음마기 아기는 부모의 이런 행동을 그대로 따라 한다. 엄마가 자신에게 화를 내면 "엄마, 때찌!"라며 엄마를 때리는 시늉을 하고, 어린이집에 가서도 자신의 행동을 제한하는 또래와 교사에게 손찌검하는 시늉을 할 수 있다. 공격성을 모방 학습하는 것이다.

아기들은 신체적으로 취약해서 무섭고 아프게 때리면 그 순간에는 말을 듣지만, 이때 아기들이 학습한 것이 언제 부메랑이 되어 다른 사람들에게 나타날지 모른다. 따라서 걸음마기 아기의 떼 부림을 신체적인 벌로 다스리면 안 된다. 때리고 싶을 정도로 화가 난다면 뒤에서 소개하는 '부모가 마음의 평온을 되찾는 방법'을 참고하라.

아이를 때릴 수 없게 되면 부모는 아이가 빨리 말을 듣게 할 수 있는 다른 방법을 찾게 된다. 걸음마기 아기들은 자율성을 위해 고집도 부리고 저항도 하지만 여전히 부모에 대한 의존도가 높다. 따라서 부모가 자신을 버리거나 어딘가로 사라져버릴 때 극심한 공포를 느낀다.

어떤 부모들은 이런 점을 이용해 "너, 여기 혼자 있어!"라고 말하면서 떼 부리는 아기를 야멸차게 내치며 가는 시늉을 하거나, 심지어 백화점 기둥 뒤에 한참을 숨어 있기도 한다. 걸음마기 아기의 불안을 이용한 이런 방법은 그 순간에는 탁월한 효과를 보이지만 이후 상당한 대가를 치러야 한다. 강한 불안을 경험한 아기는 이후 분리불안을 보이며 한시도 엄마와 떨어지려 하지 않을 것이고, 매사 엄마에게 의존하며 스스로 뭔가를 하려 하지 않을 것이다. 떼 부리는 행동을 줄이려다가 아이를 엄마 껌딱지로 만들어버릴 수 있다.

아기에게 작은 통제권을!

걸음마기 아기들은 자신이 통제력을 가진 자율적인 인간임을 보여주려고 애쓴다. 이 과정에서 떼 부림과 분노발작이 빈번히 발생한다. 평소에 걸음마기 아기들에게 통제력을 경험하고 행사할 수 있는 기회를 주면 걸음마기의 분노발작을 줄이는 데 도움이 된다.

아기가 스스로 결정하고 실행해도 되는 것은 허락해주자. 제한 범위 내에서 결정하고 선택할 수 있는 기회를 주는 것이다. 예를 들면, 마트에서 과자를 고를 때 아기의 마음대로 고르게 할 수는 없지만 아기가 먹어도 되는 과자 종류 중에서는 아기가 고르게 할 수 있다. 다행히도 걸음마기 아기의 주의력은 그다지 좋은 편이 아니다. 그래서 먹을 수 없는 과자를 먹겠다고 우기더라도 부모가 "이건 너무 매워서 먹을 수 없어. 이건 어른들이 먹는 과자야!"라고 간단히 안 되는 이유를 말해주고 그 과자를 재빨리 치운 후에 아기가 먹을 수 있는 과자를 두 종류 골라 이렇게 말해본다.

"이건 네가 먹어도 되는 과자야. 둘 중 하나를 고르렴. 이거 먹을래, 저거 먹을래?"

그러면 걸음마기 아기들은 좀 전에 먹겠다고 우기던 과자의 존재는 새까맣게 잊고 둘 중 어떤 과자를 고를지에 푹 빠지게 된다. 이로써 아기는 자신이 먹을 과자를 스스로 고른다는 생각에 통제감을 느끼고 기분이 절로 좋아진다. 아기가 뭔가를 하겠다고 우길 때 무조건 못 한다고, 안 된다고 하는 게 아기의 공격성을 없애는 방법이 아니다. 무조건 제한하기보다는 해도 되는 것 중에서 고르게 하는 것이 아기의 떼 부림도 막을 뿐 아니라 통제감도 느끼게 해주는 아주 좋은 방법이다.

호기심 많은 아기를 위한 환경 만들기

아이를 자극하는 환경을 제거하는 것만으로도 많은 갈등을 피할 수 있다. 영아기의 공격성을 다루는 방법에서도 말했듯이, 환경 조정은 늘 제일 먼저 고려해야 하는 것이며, 이는 걸음마기 아기들에게도 마찬가지다.

걸음마기 아기들의 경우에는 걸을 수 있는 이동 능력이 있기 때문에 환경 조정은 더욱 중요하다. 세상에 대한 호기심이 가득한 걸음마기 아기들은 이제 안방, 거실, 부엌, 화장실 등 여기저기를 돌아다니며 보이는 것마다 만지려 하고 가지려 한다. 아빠의 지갑과 부엌의 쓰레기통을 뒤지고, 날카로운 도구도 거침없이 만진다. 이동 능력과 호기심은 생겼지만 아직 '옳고 그름'이나 '해도 되는 것과 하면 안 되는 것'은 알지 못한다. 그렇기 때문에 걸음마기 아기를 둔 부모는 사사건건 아기의 행동을 제한하게 되고, 이 과정에서 떼 부림과 분노발작이 심해지는 것이다.

부모는 아기의 신체와 이동 능력을 고려해 위험하거나 문제가 될 만한 물건은 미리미리 치워놓아야 한다. 대신 아기가 만지고 갖고 놀아도 될 만한 것들을 배치해놓는다. 걸음마기 아기들은 한시도 가만히 있지 않으므로 호기심과 학습 능력을 충족시켜줄 수 있는 사물과 경험이 제공되어야 한다. 아기들은 너무 심심해도 떼를 쓴다는 사실을 잊으면 안 된다.

요즘 부모들은 아기를 위한 장난감과 놀이기구, 책 등을 사는데 돈을 아끼는 편은 아니다. 아기가 있는 집에는 거실 한쪽에 미끄럼틀이나 그네, 수많은 책들로 가득 찬 책장, 여러 가지 탈 것과 블록 종류가 진열되어 있다. 이렇게 놀 만한 것이 많지만 생각보다 아이들은 지루해한다. 그리고 계속해서 새로운 놀잇감을 요구하거나 부모에게 놀자며 매달리곤 한다.

걸음마기 아기들은 뛰어난 학습자이긴 하지만 스스로 놀이를 창조하거나 배워나가는 데는 많은 한계가 있다. 아는 게 별로 없기 때문에 아기들의 탐색은 피상적인 수준에 그칠 때가 많으며, 놀이도 단순 반복되는 경우가 흔하다. 부모와의 놀이 경험을 통해 사물에 대해 보다 다양한 탐색을 하고 여러 가지 놀이를 배울 때 아기들은 습득한 것을 연습하며 기술을 발전시키고 지루한 시간을 스스로 달랠 수 있게 된다. 아기들에게 제공되는 놀이 경험은 그저 장난감을 사 주거나 장난감이나 놀이기구가 있는 곳에 데려다주는 것이 아니라 함께 놀이하는 것도 포함된다.

규칙과 제한은 분명하게

걸음마기 아기들이 아직 옳고 그름을 알지 못한다고 해서 아기들이 하는 모든 행동을 허용해야 한다는 뜻은 아니다. 걸음마기 아기들이 다른 사람의 물건을 빼앗고 화가 난다고 물건을 던지며 때리는 것을 엄격한 도덕적 잣대로 비난해서는 안 되지만, 이런 행동을 하면 안 된다는 점은 가르쳐주어야 한다.

물론 가르친다고 해서 바로 알지는 못하지만 부적절한 행동에 대해서는 반복적으로 제한을 두어 '그 행동은 용납되지 않는다'는 사실을 인지시킬 필요는 있다. 엄마의 안경을 들고 흔드는 아기에게 "이건 엄마 거야. 그러니 엄마 줘야지. 자, 어서 주세요!"라고 말하며 손을 내밀었을 때, 아기가 그래도 주지 않으면 어떻게 해야 할까? "이건 엄마 안경이야. 네 장난감이 아니야. 그러니 엄마한테 줘야 해!"라며 아기의 손에서 안경을 빼내어 찾아와야 한다. "여기는 식당이야. 이곳에서는 뛰면 안 돼. 그러다가 다칠 수도 있고, 맛있는 음식을 쏟게 될 수도 있어. 자, 엄마 손을 잡자!"처럼 상황에 따라 지켜야 할 규칙과 제한을 분명히 말해주고 지키게 해야 한다.

불필요한 보상은 하지 않는다

걸음마기 아기들의 떼 부림과 분노발작은 마치 폭풍과 같은 것이기에 초보 부모들은 몹시 당황할 수밖에 없다. 초보 부모라면 어떻게 해서든 이 전쟁을 빨리 끝내고 싶어 한다. 부모의 초조함은 가끔 아기에게 불필요하고 부적절한 보상을 제공하는 행동으로 나타나기도 한다. 식탁에 앉지 않는 아기에게 재미있는 동영상을 보여주겠다고 하거나, TV를 보지 않으면 아이스크림을 주겠다고 하는 식이다. 어떤 경우에는 걸음마기 아기의 떼 부림을 잘 견뎌내고서는 혹시 아기가 속상해하는 것은 아닌지 미안해하며 아기가 요구하지도 않은 보상을 제공하기도 한다.

요즘 부모들은 아이가 '기죽는 것'에 매우 과민하게 반응하는 경향이 있다. 아기가 조금이라도 울적해하거나 소심한 모습을 보이면 안절부절못하며 빨리 아기가 다시 기운을 차리기를 바란다. 그래서 평소 아기가 찾을 때는 주지 않던 달콤한 젤리나 아이스크림 혹은 장난감을 부모가 먼저 사 주기도 한다.

아기가 떼 부림을 멈추고 부모의 말을 잘 따른다면 분명히 보상을 해줘도 된다. 하지만 이때 제공하는 보상이 물질적인 것일 필요는 없다. 오히려 평소에 제한하던 행동이나 물건을 허용하는 식으로 보상이 이루어지면 아기는 그 보상을 얻기 위해 일부러 떼 부리는 상황을 만들거나 별것 아닌 일에도 불쌍한 척함으로써 부모의 동정심을 유발해 원하는 것을 얻어내려고 할 것이다.

아기가 떼 부림을 멈추고 얌전해지면 부모는 아기가 제한을 받아들이고 자신의 행동과 감정을 조절한 점에 대해 인정과 칭찬을 해주는 식으로 보상을 제공해야 한다.

"넌 TV를 더 보고 싶었지만 엄마가 이제 안 된다고 하니 말을 들었구나. 화가 나서 소리도 질렀지만 지금은 소리도 지르지 않고 잘 참았네."

이렇게 말하며 아기가 드디어 자신의 감정과 행동을 통제한 것을 칭찬해주고 함께 기뻐해주자. 아기에게는 이런 방법이 가장 좋은 보상이다.

한바탕 떼 부림 이후
부모는 무엇을 해야 할까?

한바탕 떼 부림이 지나가면 그때서야 아기는 상황 파악이 되어 불안해진다. 여전히 걸음마기 아기에게 엄마는 매우 중요한 존재인데, 자신이 조금 전에 생난리를 쳤으니 엄마 눈치를 보기 시작하는 것이다. '엄마가 이제 나를 사랑하지 않으면 어떡하지? 날 미워해서 돌봐주지 않으면 어떡하지?' 이런 불안한 마음에 걸음마기 아기들은 엄마에게 매달리기 시작한다. "안아줘. 안아줘!"라며 엄마 품을 파고들고 엄마 다리를 붙잡는다.

엄마는 아직 아기에 대한 불편한 마음이 남아 있어 아기를 안아주고 싶지 않을 것이다. 하지만 그래도 이때는 아기를 안아줘야 한다. 엄마가 안아주는 것은 아기의 어리광과 응석을 받아주는 것이 아니며, 아기를 버릇없게 만들지도 않는다. 물건을 던진 것에 대한 벌로 아기를 안아주지 않는 것은 옳지 않다. 이는 아기에게 '네가 잘못하면 나는 너를 사랑하지 않고 거부할 거야'라는 메시지를 주는 것으로, 아기를 화나게 하거나 부모의 눈치를 보게 만든다. 어떤 아기들은 이제 더 이상 엄마가 하지 말라는 행동을 하지 않는데도 엄마가 계속 화를 내고 자신을 거부하는 것을 이해하지 못해 혼란스러워하기도 한다.

떼 부림과 분노발작이 끝나면 걸음마기 아기들은 한없이 나약해지고 불안해진다. 불안한 아기는 위로와 안심이 필요하므로, 엄마는 아기를 꼭 안아주며 안심시켜줘야 한다. 안심할 수 있게 된 아기는 종종 깊은 잠에 빠진다. 떼 부림은 엄마에게만 힘든 게 아니다. 걸음마기 아기에게도 엄청 에너지가 소진되는 일이다. 에너지를 회복하기 위해 충분한 수면은 매우 중요하다. 아기가 수면을 취할 수 있도록 해주면 아기는 자고 일어나서 훨씬 생기 있고 순해진다.

부모가 마음의 평온을 되찾는 방법

평온은 걸음마기 아기뿐 아니라 부모도 반드시 지녀야 하는 마음 상태다. 아기가 분노발작을 시작하면 부모는 자신도 모르게 자율신경계가 작동하면서 맥박이 빨라지고 호흡이 거칠어지며 얼굴이 벌게질 것이다. 이런 생리적 변화가 의식되면 부모는 천천히 심호흡을 하며 온몸을 평온하게 만드는 일에 주력해야 한다. 평온을 되찾는 데 도움이 되는 심상이나 문구를 떠올리거나 말하면서 맥박과 호흡을 안정시킬 수 있다. 그런 다음 아기에게 다가가 아기가 평온해질 수 있도록 도와줘야 한다. 부모가 침착함을 유지하지 못한 상태에서 아기의 좌절감을 다루고 올바른 훈육지도를 할 수는 없다.

그러면 부모는 마음의 평온을 어떻게 잃지 않을 수 있을까? 아이를 지켜보고 있는 상황에서는 도저히 감정을 추스를 수 없다면 잠시 자리를 피해도 된다. 물론 아이가 다치거나 위험할 수 있는 상황에서는 절대 아이를 혼자 두고 자리를 떠나면 안 된다. 하지만 그런 상황이 아니라면 부모는 잠시 자리를 피해 자신의 마음을 진정시켜야 한다.

◆

∧∨∧∨∧∨∧∨∧∨∧∨∧∨∧∨∧∨∧∨∧∨∧

CHAPTER 4

유아기 지도법
생후 30~36개월에서 만 6세

∧∨∧∨∧∨∧∨∧∨∧∨∧∨∧∨∧∨∧∨∧

언어로 공격할 줄 아는 시기

여섯 살 민지는 놀이터에서 친구들과 숨바꼭질을 하며 놀고 있었다. 민지가 미끄럼틀 근처에서 숨기 좋은 공간을 발견하고 재빨리 그곳으로 들어가려는 순간, 함께 숨바꼭질을 하던 유진이가 민지를 밀치고 쏙 들어가버렸다. 민지가 "야, 여긴 내가 먼저 발견한 거야! 너 나와!"라고 말했지만 유진이는 들은 척도 하지 않았다. 거기서 민지와 유진이가 실랑이를 벌이는 동안 술래한테 들켜버렸고, 유진이는 민지에게 눈을 흘기며 "너 때문에 들켰잖아!"라고 짜증을 냈다. 민지는 너무 화가 나서 유진이에게 달려들며 "이 바보야! 넌 악마야! 너 같은 건 지옥에나 떨어져버려! 난 네가 죽었으면 좋겠어!"라고 소리쳤다. 그날 밤 민지 엄마는 유진이 엄마로부터 심각한 전화를 받았다. 민지의 악담에 유진이가 매우 공포스러워했다는 것이다.

만 2세가 지나면 언어 발달이 급속히 이루어지고, 만 3세가 지나면 일상생활에서 사용하는 언어의 대부분을 이해하게 된다. 개인 차가 있기는 하지만 문장을 사용해 자기 생각을 제법 잘 표현할 수 있다. 이렇게 일취월장한 언어 능력 덕분에 유아들은 갈등 상황에서 울고 떼쓰고 때리고 밀치는 식의 신체적 표현 대신에 언어를 많이 사용한다. 신체적 공격성은 줄어들고, 새로운 형태의 공격성인 '언어적 공격성'이 나타나는 시기다.

자극적인 단어에 귀를 쫑긋하는 아이들

유아들이 공격의 수단으로 언어를 사용하는 것은 특정 단어나 표현이 상대방을 당황하게 하거나 모욕감과 수치심 혹은 위협감을 느끼게 한다는 것을 배웠기 때문이다. 이런 배움에 영향을 준 사람은 당연히 어른들이다. 한창 언어를 배우기 시작하는 유아기에는 주변에서 듣는 새로운 단어나 표현을 이삭 줍듯 주워댄다. 그 의미가 정확히 뭔지 모르면서 학습하기도 하고, 정황을 통해 새로 들은 단어나 표현의 의미를 추론하기도 한다.

어른들이 맵고 짜고 신 음식의 자극적인 맛을 쉽게 잊지 못하는 것처럼 유아들도 자극적인 단어를 보다 잘 기억하고 그것에 쉽게 매료된다. 강한 감정과 행동 반응을 유발하는 단어들, 대개 공격성이 내포되어 있는 단어들은 아이들 입장에서는 불닭처럼 강렬한 맛이 있는 언어 표현들이다.

유아들은 처음에는 그 단어들이 지닌 공격성의 뜻을 인지하지 못한 채로 듣고 있다가 이 말이 사용된 상황과 비슷한 일이 자신에게도 벌어질 때 그것을 기억해내어 사용한다. 엄마가 자신의 서툰 행동에 대해 "으이그, 바보같이"라고 말했다면, 유아들은 동생이 실수를 했을 때 동생에게 "이 바보야!"라고 말하는 것이다.

아이가 '바보'라는 말을 처음 썼을 때는 이 단어가 지닌 의미를 크게 느끼지 않았을 수 있다. 그러나 이에 대해 엄마가 "뭐라고? 너 지금 뭐라고 했어? 동생한테 바보라고 했어, 지금? 그런 나쁜 말을 쓰다니!"라며 화를 내면 아이는 '바보'라는 말이 상대방에게 얼마나 큰 모욕감을 주는 것인지 비로소 알게 된다. 그렇게 그 단어가 지닌 강력한 힘을 인지하는 것이다. 그리고 앞으로 누군가에게 모욕감을 주고 싶은 상황이 오면 그 단어를 사용한다.

이렇게 욕과 비속어를 배워나가므로, 부모는 아이들이 어디서 주워들은 공격적인 언어를 사용하더라도 크게 주목하거나 야단치지 않도록 주의할 필요가 있다. 아이가 동생에게 "바보"라고 할 때 흥분하여 야단치기보다는 가볍게 이렇게 말해주는 게 좋다.

"그 말은 미운 말이야. 그러니 하지 마. 동생이 네가 만든 그림을 망쳐서 화가 났구나. 그럴 땐 동생한테 '내 그림이 망가져서 속상해!'라고 말하렴."

아이가 좀 더 괜찮은 말로 적절한 '감정단어'를 사용해 자신의 생각과 기분을 말할 수 있도록 시범을 보이고 이끌어주자. 이것이 아이들이 공격적인 언어를 사용하지 않도록 지도하는 가장 좋은 방법이다. 부모 자신부터 평소 욕과 비속어를 쓰지 않고 올바른 언어 표현을 해야 하는 것은 말할 필요도 없다. 욕과 나쁜 말을 들어보지 못한 아이는 결코 그런 말을 할 수 없다.

아이가 현실과 상상을 구별하지 못해서 생기는 일

유아기에는 아직 일차원적이기는 하지만 상징을 이해하는 능력이 생긴다. 상징을 이해하는 능력이 갖춰지면 유아들은 동화를 읽는 것을 좋아하고 소꿉놀이 같은 가상놀이를 할 수 있게 된다. 하지만 아직은 미숙한 수준의 사고력을 가졌기 때문에 동화책에 나오는 내용이나 꿈에서 일어난 일을 실제라고 믿기도 한다.

유아들이 괴물이나 도깨비가 나오는 동화를 읽고 무서워하거나 산타클로스가 실제로 존재한다고 믿는 것도 미숙한 사고력 때문이다. 이처럼 현실과 상상을 구별하는 능력이 서툴기 때문에 유아들은 어른이나 또래의 위협적인 말에 쉽게 불안해하며 누군가를 공격하기 위한 수단으로 거친 말들을 사용하기도 한다. "죽여버릴 거야!", "괴물이 널 잡아가게 만들 거야!", "팔을 잘라버릴 거야!"와 같은 표현들이 대표적이다.

이런 표현들은 꽤 잔인하게 들리긴 하지만 유아기 아이들은 이후의 일에 대해서는 별로 생각하지 않는다. '마술적 사고'를 하는 이 아이들은 자신이 소망하면 다시 바꿀 수 있다고 생각하기 때문에 사실 어른들이 생각하는 것처럼 잔인함이 배여 있는 말은 아니다. 특히 죽음에 관해 아이들은 '죽으면 끝'이라고 생각하는 어른들과 달리 '깊은 잠을 자는 것', '일시적인 이별', '하늘로 올라간 것' 등으로 여긴다. 그러므로 아이들이 "죽어!"라고 말하는 것의 진짜 의미는 "너, 당분간 내 앞에서 사라져줘! 지금은 널 보고 싶지 않아!"라는 말과 같다.

아이를 위한 '마음 읽기 기술'

이렇게 유아기 아이들이 갈등 상황에서 사용하는 표현들은 어른들이 생각하는 것처럼 살인과 납치 같은 범죄적 성격을 띤 것은 아니다. 그렇다고 이런 표현들을 쓰는 유아들에 대해 아무런 지도를 하지 않아도 된다는 뜻은 아니다. 누군가에게 화가 나거나 갈등 상황에 처했을 때 유아들이 미숙하고 공격적인 언어로 표현하는 대신 보다 적절한 언어 형태로 자신의 감정과 생각을 표현할 수 있도록 돕는 것이 바로 어른의 역할이다.

이를 위해 부모는 유아가 다양한 상황에서 느끼는 감정과 생각을 적절한 단어를 사용해 표현할 수 있도록 지도해야 한다. 아이의 마음을 읽고 그 마음을 감정단어를 사용해 풀어서 표현해주는 일명 '마음 읽기 기술'이 있다. 이것은 유아의 정서 발달뿐 아니라 언어적 공격성을 줄이는 데도 큰 도움이 된다.

큰아이가 엄마와 놀고 싶은데 엄마가 동생에게 젖을 먹이는 중이어서 놀 수 없는 상황이다. 이때 큰아이가 화가 나서 "동생이 없었으면 좋겠어! 동생 나빠!"라고 말한다면 "지금 엄마랑 놀고 싶은데 기다려야 해서 화가 났구나!"라고 말해준다. 또 아이가 잘 맞춰지지 않는 블록을 던지며 "난 바보야!"라고 성질을 낸다면 "블록이 네 마음대로 맞춰지지 않아서 실망했구나!"라고 말해준다. 이런 말들은 아이가 상황을 좀 더 객관적으로 볼 수 있게 도와주고, 자신의 감정을 다른 사람들도 잘 받아들이도록 표현하는 방법을 배울 수 있게 해준다. 마음 읽기 기술은 7장 '좌절감 때문에 제멋대로 구는 아이'에서 상세히 설명했으니 참고하기 바란다.

아이에게 긍정적인
자아정체성을 심어주는 법

어설프긴 하지만 이제 막 사고하기 시작하는 유아기는 자아개념과 도덕성 발달의 기초를 형성하는 시기이기도 하다. 만 3세경의 유아는 부모와 분리된 독립된 존재로서의 자아를 싹틔우게 되고, 이때부터 '나는 누구인가'라는 자아정체성을 찾는 여정을 떠나게 된다.

유아기는 아직 철학적이고 사색적인 고민을 하기에는 인지적으로 대단히 미숙하다. 그래서 유아의 자아 탐색은 주로 신체 이미지나 부모와 같은 성인들이 자신에 대해 하는 말 등에 큰 영향을 받는다. 이런 이유로 유아가 잘못된 행동을 했다고 신체적인 처벌을 주거나 나쁜 별칭으로 부르면 유아는 자신에 대해 부정적인 자아상을 가질 수 있다.

예를 들어, 아이가 나쁜 말을 했다며 "으이그, 이 못된 주둥이!"라고 아이의 입을 때리거나, 친구를 때린 아이에게 "저런 못된 발은

묶어놔야 해!", "주먹질을 한 이 손은 정말 나쁜 손이야!"라고 말하거나, "깡패", "꼴통", "주먹대장"과 같이 문제아와 공격성을 연상시키는 말로 표현하는 것은 모두 아이가 스스로를 '공격적인 사람'이라고 느끼게 하는 요인이 되기 때문에 좋지 않다.

'나쁜 아이'라는 뉘앙스로 말하지 않기

어떤 경우에는 아이의 이름 자체가 '문제아'를 뜻하는 것이 되기도 한다. 종현이라는 아이가 어떤 실수나 잘못을 했다고 해보자. 그럴 때마다 부모가 "종현아!" 하고 짜증스럽거나 화난 어투로 말하며 기분 나쁘게 쳐다본다면? 또 아이에게 구체적으로 어떤 행동을 하지 말라고 말해주지도 않으면서 "아휴, 종현아!"라고 이름만 부른다면? 이처럼 아이를 부르는 행위는 아이의 이름 자체가 부정적인 의미로 쓰이는 것이기 때문에 대단히 나쁜 영향을 준다. 자아개념의 기초를 형성하는 이 시기에 자신의 신체와 이름에 대해 부정적인 느낌을 갖게 되면 아이는 이후 성장하는 과정에서 부정적인 자아개념을 가질 가능성이 높다.

아이가 잘못된 행동을 했을 때는 부모가 아이의 이름을 불러 주의를 주는 말을 하는 것이 당연하다. 하지만 이때는 아이의 주의를 끌 정도로만 부르면 된다. 어느 날 아이가 개의 꼬리를 아프게 잡아당기는 것을 보고 부모가 "종현아!"라고 불렀다. 이 소리를 듣고 아이가 부모를 쳐다보면 그때 부모는 부르는 것에 그치지 않고 아이의 잘못된 행동에 대해 간단히 이런 식으로 말해주어야 한다.

"개의 꼬리를 잡아당기지 마! 그렇게 하면 개가 아프거든."

아이가 잘못된 행동을 했을 때 부모가 해야 할 일은 "넌 나쁜 아이야!", "어떻게 그런 행동을 하니?", "정말 실망스럽구나!"와 같은 메시지를 전달하는 것이 아니다. 그 행동이 왜 옳지 않은지, 혹은 왜 하지 말아야 하는지를 알려주는 것이다. 이 점을 꼭 잊지 말자. 그리고 행동을 제한하는 것에만 그치지 말고 그 대안으로 어떻게 행동하면 좋은지 알려주는 일도 매우 중요하다.

하지 말라는 말 대신 행동을 가르쳐주기

아이가 잘못된 행동을 했다는 것은 부적절한 방식으로 자신의 욕구를 충족했다는 뜻이기도 하다. 무조건 하지 말라고만 하는 게 아니라 사회적으로 바람직하게 행동하는 방법을 알려주어야 한다.

아이가 개의 꼬리를 잡아당긴 상황을 다시 보자. 아이는 그 개를 괴롭히고 싶었던 게 아니라 사실은 개가 매우 마음에 들어서 함께 놀고 싶었다. 하지만 개를 올바르게 대하는 방법을 알지 못했고, 개의 움직이는 꼬리를 보자 그것을 잡고 흔드는 것으로 놀이를 하려고 했다. 개의 꼬리를 잡아당기는 것이 개를 아프게 하는 행동임을 몰랐던 것이다. 이럴 때 부모는 아이에게 개의 꼬리를 잡아당기는 것이 어떤 결과를 초래하는지 가르쳐주고, 그다음으로는 개와 잘 지내는 방법을 조언해주어야 한다.

"개의 꼬리를 잡아당기지 마! 그렇게 하면 개가 아프거든!"

이렇게 말한 부모는 이런 식으로 말을 이어갈 수 있다.

"종현이는 개가 신기하고 귀여운가 보구나. 같이 놀고 싶은 것 같고. 그럼 여기를 만져주렴(아이의 손을 잡아 개의 턱 밑으로 가져간다). 부드럽게 말이야. 살살 간지럼 태우듯이. 그럼 개가 좋아한단다."

그리고 아이에게 다시 이렇게 말해준다.

"와, 지금 개가 꼬리를 흔들며 발라당 누웠지? 그건 개가 지금 매우 기분이 좋다는 뜻이란다. 네가 이 강아지를 기분 좋게 해주었구나!"

아이가 집단생활을 막 시작했다면

유아기에는 대부분의 아이들이 낮 동안 가정을 떠나 어린이집이나 유치원에서 생활하기 시작한다. 이때 아이들은 다양한 사회적 관계를 경험하게 된다. 새로운 사회적 경험은 아이들에게 흥미 있는 자극이 될 수도 있지만 동시에 스트레스의 원인이 되기도 한다. 특히 외부와의 접촉이 적은 환경에서 자랐거나 외동인 아이의 경우에는 더욱 그렇다.

스트레스는 공격성을 유발하는 중요한 요인 중 하나다. 만일 아이가 어린이집이나 유치원 생활을 시작하면서 공격적인 행동이 급격히 증가했거나, 집에서는 괜찮은데 유독 놀이터에서 싸움이 잦다면 집단생활과 또래관계에 잘 적응하지 못하고 있을 가능성이 높다. 이럴 때는 아이가 다니고 있는 어린이집이나 유치원 혹은 학원의 선생님들과 아이의 적응 문제에 대해 의논해야 하며, 또래들과 놀거나 함께 있을 때의 상황을 주의 깊게 관찰해볼 필요가 있다.

어린이집이나 유치원 같은 기관은 그곳 자체의 문제 때문에 다수의 아이들을 부적응 상태로 만들어버리기도 한다. 놀이 시간이 너무 없거나, 아이들의 발달 수준을 뛰어넘는 학습을 요구하거나, 교사가 학대 혹은 방임을 할 때 아이들의 공격성은 증가한다. 이런 경우에는 되도록 빨리 그 기관을 바꿔야 한다. 또한 앞으로 그 기관이 또 다른 부적응아를 양산하지 않도록 관련 단체에 신고 조치하는 과정도 필요하다.

아이의 첫 번째 사회생활

어린이집이나 유치원에 문제가 없더라도 아이들은 집단생활을 하며 어느 정도의 스트레스를 겪는다. 아무래도 집단생활은 개인의 욕구보다 집단의 규칙을 따라야 하는 것이기 때문에 집에서처럼 응석을 부리거나 제 마음대로 할 수는 없다. 집에서는 김치를 안 먹겠다고 떼를 쓰지만 어린이집에서는 선생님의 눈치를 보며 억지로 먹기도 하고, 독차지하고 싶은 장난감을 친구와 나눠 써야 하고, 자신보다 달리기가 빠른 친구 때문에 짜증나고 좌절감을 느끼기도 할 것이다. 부모는 아이들이 하루 종일 어린이집이나 유치원에서 놀다 왔다고 생각할 수 있지만 이 아이들도 나름 사회생활을 하느라 피곤하다.

특히 난생처음 집단생활을 하는 아이들의 경우에는 어린이집을 갔다 오면 짜증을 내거나 매우 피곤해하며 떼를 쓰기도 한다. 이때 아이를 야단치고 잔소리를 하면 아이의 이런 행동이 오히려 대폭 늘어나고 어린이집이나 유치원에 가지 않겠다고 더욱 고집을 부릴 수 있다. 스트레스를 견디는 좋은 방법은 바로 스트레스를 해소할 만한 즐거운 시간을 갖는 것이다. 아이들이 하루에 대략 30분가량 신나게 놀 시간을 가질 수 있다면 아이들의 힘든 마음을 돌보는 데 큰 도움이 될 것이다.

놀이는 질적 수준이 중요

무조건 놀기만 한다고 스트레스가 해소되고 떼쓰는 행동이 줄어드는 것은 아니다. 모든 놀이가 건강한 것은 아니기 때문이다. 마치 우리가 매일 먹는 식사와 같다. 식사는 사람에게 에너지를 공급하고 건강을 유지해주는 중요한 역할을 하지만, 잘못된 식사는 오히려 건강을 해친다. 놀이도 질적인 측면이 중요하다.

많은 부모가 어린이집이나 유치원을 마치고 온 아이에게 동네 놀이터에서 또래와 놀 수 있는 시간을 마련해주고 있다. 어떤 아이에게는 이 시간이 스트레스를 해소하는 소중한 기회가 된다. 하지만 어떤 아이에게는 또래와 다투고 부모에게 야단을 맞는 바람에 이 시간이 오히려 스트레스를 받는 시간이 되기도 한다. 자세히 살펴보면 스트레스를 받는 아이들은 질적으로 좋지 않은 놀이를 하고 있을 가능성이 높다. 지리멸렬하고 과격한 요소가 많은 놀이가 질적 수준이 낮은 놀이에 해당한다. 이때 지리멸렬하다는 것은 규칙이 없는 것과 같다.

놀이는 자유롭다는 특성을 지녔지만 그렇다고 해서 규칙이 없는 상태는 아니다. 미끄럼틀을 탈 때도 규칙은 존재한다. 순서를 지키고, 같이 노는 친구의 활동을 방해하지 않는 것이 바로 규칙이다. 함께 잡기놀이를 할 때도 규칙이 있다. 누가 술래를 할 것이며, 어떻게 해야 이기고 지는 것인지 등등이 기본적인 규칙이 되며, 놀이에 참여한 아이들은 이 규칙에 동의해야 마찰 없이 함께 놀 수 있다. 그냥 우르르 떼떼 몰려다니며 이거 했다, 저거 했다 하면 서로 부딪히고 다치기도 쉽다.

이럴 땐 어른들이 잠시 나서서 간단한 규칙을 알려주거나 상황을 정리해줄 필요가 있다. 미끄럼틀에서 새치기를 하거나, 누군가가 미끄럼틀을 타고 내려가는데 거꾸로 올라오는 아이가 있다면 이를 조율하고 정리해주는 것이다.

놀이가 과격할 때는 부모가 개입한다

해적 놀이나 경찰-도둑 놀이는 아이들, 특히 사내아이들이 좋아하는 놀이다. 공격성을 적절한 방법으로 해소할 수 있는 좋은 놀이이기도 하지만, 가끔 이런 놀이를 할 때면 상황이 격해지는 경우도 있다. 특히 긴 나무 막대기나 끈 등을 갖고 놀 때는 아이들이 놀이에 심취하여 그것들을 휘두르거나 세게 묶어 친구를 아프게 할 수도 있다. 대부분의 아이들은 크게 위협적인 행동을 하지는 않지만 간혹 공격적인 놀이를 지나치게 상세하고 잔인하게 묘사하는 아이들도 있다. 이런 폭력적인 놀이는 지나치게 자극적이어서 놀이에 참여한 아이들을 흥분시키거나 두렵게 한다.

잡혀온 해적을 도망치지 못하게 한다는 명목으로 좁은 구석에 오랫동안 가두어놓거나, 도둑을 처벌하는 방법이 잔인하거나, 나쁜 놈이라며 참수하거나 고문하는 척하는 놀이를 한다면 결코 좋은 놀이가 못 된다. 만일 아이들이 이런 놀이를 하고 있다면 부모가 개입하여 놀이를 중단시키거나, 보다 건강한 방식으로 표현하도록 유도하는 것이 좋다.

"얘들아, 놀이는 즐거워야지. 근데 지금 도둑 역할을 맡은 현민이는 조금 무서워하는 것 같구나. 묶고 있는 줄은 풀어주자. 대신 묶은 척만 하면 되지."

"나쁜 해적을 혼내주고 있구나. 그래도 칼을 눈앞에 가까이 대지는 마. 정말 무섭거든. 그리고 잘못하면 다칠 수도 있어. 칼은 여기까지만 가는 걸로 하자(아이의 몸에서 50센티미터 정도 떨어진 곳을 가리키며)."

부모의 이런 간단한 말들이 놀이 중에 발생할 수 있는 과격한 행동과 갈등 상황을 미리 방지할 수 있다.

"어른들 때문에 더 헷갈려요!"

놀이터나 집에서 아이들이 모여 놀다가 싸움이 일어났는데 그 과정을 중재하던 어른들끼리 갈등하는 상황으로 번질 때가 있다. 부모라면 이런 일을 종종 겪는다. 예를 들면, 놀이터에서 같이 놀던 친구를 꼬집고 밀치는 것을 보고도 말리지 않는 부모의 아이에게 직접 뭐라고 했다가 그 아이의 부모로부터 공격을 받는 것이다. 또 그 아이 부모의 눈치를 보느라 내 아이에게 참으라고 하거나 뭐라고 지적을 하게 될 때도 있다. 이렇게 아이들 간의 다툼이 어른들 사이를 불편하게 할 때가 있다.

아이들도 불편하고 헷갈리는 건 매한가지다. 평소에 엄마로부터 "차례를 꼭 지켜야 한다"는 말을 귀에 못이 박히도록 들었는데, 엄마는 정작 새치기를 하는 친구를 그냥 바라본다. 아이는 왜 엄마가 중요한 규칙을 어기는 아이를 가만히 두는지 이해가 되지 않는다. 엄마는 또 이런 모습을 보일 때도 있다. 집에 놀러 온 친구가 장난감을 원할 때 "○○이는 우리 집에 놀러 온 손님이잖아. 너는 맨날 갖고 놀 수 있으니까 잠깐 빌려주자!"라고 했는데 나중에 그 친구네 집에 가서는 "이건 쟤 거잖아"라며 그 아이의 장난감을 갖고 놀려는 아이를 말린다.

때로는 규칙을 지키려는 엄마를 다른 엄마가 말리기도 한다. 평소 집에서는 놀이 후 갖고 놀던 장난감을 치워야 했는데 친구네 집에 놀러 갔더니 정리정돈을 시키려는 엄마를 "아휴, 그냥 내버려둬 요. 안 치워도 돼요!"라며 친구 엄마가 말린다. 더한 경우도 있다. 장 난감을 서로 갖겠다고 싸우다가 화가 나서 때렸는데, 야단을 치기는 커녕 장난감이 그리도 갖고 싶었냐며 건네주기까지 한다. 이런 일이 자주 반복되면 아이는 규칙 자체에 대해 의심과 회의를 품게 된다. 규칙을 지키기보다는 자기 식대로 문제를 해결하려고 한다.

어른들 입장에서는 보는 눈도 있고, 문제를 크게 만들고 싶지도 않으며, 나름의 배려라고 생각해 일시적으로 규칙을 풀어주었을 뿐 이다. 하지만 아이들에게는 이런 눈치가 없다. 특히 유아기 아이들은 사고의 융통성이 떨어지고, 규칙은 어떤 이유에서든 지켜져야 한다 는 개념을 가진 상태여서 엄마가 규칙이라고 말한 것을 지키지 않을 때 혼란스러워진다. 결국 일관성이 없는 규칙은 지킬 필요가 없다고 생각하게 된다.

따라서 유아기 아이들의 경우, 문제행동을 다룰 때는 함께하는 성인이 협력하여 아이에게 혼란스러운 메시지를 주는 일이 없도록 해야 한다. 기본적으로 지켜야 할 규칙을 어겼다면 어른들이 어떻게 그 상황을 다룰지 이야기를 나누고 모두가 일관성 있게 대처하는 모 습을 보여야 한다. 특히 아이가 특정 아이와 유독 충돌을 빚는다면 양쪽 부모 모두 그 상황을 보다 긍정적으로 해결하기 위한 전략을 함께 모색해야 한다. 이는 비단 부모뿐 아니라 어린이집이나 유치원 의 교사에게도 적용된다.

그래도 계속 과격하게 행동한다면

앞선 노력에도 불구하고 유아들은 언제 어디서든 공격적인 행동을 할 수 있다. 그동안의 관찰을 통해 아이가 남을 괴롭히고 다치게 할 만한 행동을 할 거라고 예상된다면 그 상황에 처하기 전에 간단히 짧은 주의를 주는 게 매우 중요하다. 그 행동을 하면 안 되는 이유와 더불어, 지키지 않았을 경우 받게 될 처벌, 혹은 지켰을 경우 받게 될 보상도 함께 말해준다. 사전 경고에도 불구하고 아이가 주의를 받은 행동을 한다면 다음과 같은 순서로 대처하자.

절대 흥분하지 말자

훈육을 할 때 가장 중요한 점은 부모가 감정적으로 흥분하지 않는 것이다. 감정에 치우치게 되면 훈육은 처벌로 변해버린다. 아이를 훈육하는 이유는 앞으로 올바르게 행동하는 법을 가르쳐주기 위함이지 벌을 주려는 것이 아님을 기억해야 한다.

'심호흡', '열까지 세기' 등은 부모가 평정심을 찾는 데 도움을 주는 간단한 방법들이다. 부모가 평정심을 회복했다면 아이에게 다시 한번 그 행동이 왜 잘못된 것인지, 그리고 잘못된 행동을 했을 때 어떤 결과가 생기는지 말해준다. 아이가 어떤 이유로 그렇게 무리한 행동을 했는지 아이의 입장에서 간단히 마음을 살피는 일도 필요하다. 미끄럼틀에서 순서를 지키지 않고 앞 친구를 밀치고 먼저 탄 아이에게는 흥분하지 말고 이렇게 말해주면 된다.

"미끄럼틀을 빨리 타고 싶었구나. 그래도 순서는 지켜야 한단다. 미끄럼틀을 탈 때 친구를 밀치면 10분 동안 미끄럼틀을 탈 수 없다고 했어. 그게 놀이터의 규칙이야. 규칙을 어겼으니 아쉽지만 엄마 옆에 10분간 있어야겠구나. 어서 미끄럼틀에서 내려오너라."

경고한 것은 꼭 실천한다

아무리 화내지 않고 말해도 아이들은 부모가 제한을 가할 때 긴장한다. 이 긴장감에 화를 내기도 하고, 그 자리에 꼼짝 않고 서서 눈물만 흘리거나 고집을 부리기도 하며, 겁에 질려 한 번만 봐달라고 싹싹 빌기도 한다. 이때 부모가 화를 내거나 사정을 봐주면 아이는 두려움을 느끼거나 앙심을 품거나 눈치만 늘게 된다.

부모는 아이의 마음을 헤아려주어야 하지만 너무 뜸들이지 않고 말한 것을 실행하는 용기를 가져야 한다. 미끄럼틀에서 친구를 밀친 아이를 보고 부모에게로 오라고 했을 때 자발적으로 오지 않으면 부모가 다가가 아이의 어깨를 잡고 데리고 와야 한다. 물론 이 과정에서 또 다른 갈등이 생길 수 있다. 조금 전에는 미끄럼틀에서 친구를 밀친 것이 문제였다면, 이제는 부모의 제한을 거부하는 새로운 문제가 생기는 것이다.

순순히 말을 들으면 좋겠지만 자신을 붙잡는 부모를 피해 도망을 가거나 발로 차는 것 같은 공격적인 행동을 할 때면 부모는 화가 나기도 하고 좌절감을 느낄 수도 있다. 이럴 때 부모는 부모를 향한 아이의 공격적인 행동을 제한해야 하지만 그 행동을 너무 개인적으로 받아들여 발끈하지 않도록 조심해야 한다. "이놈의 새끼, 어디 어른을 발로 차!", "말 안 들을래?"라며 부모의 문제로 갖고 오기보다는 아이의 좌절 반응으로 이해하며 대응하도록 한다. 아이에게 침착하게 말해보자.

"규칙은 지켜야 한단다. 10분 동안 기다렸다가 미끄럼틀을 타도록 하자! 엄마가 그동안 옆에 있어줄 거야."

그런 다음 부모를 발로 차는 등의 행동을 계속하거나 딴 데로 도망가지 못하도록 재빨리 아이를 붙잡는다. 아이가 어느 정도 진정될 때까지 부모는 아이를 잘 통제해주어야 한다. 진정되었다고 여겨지면 놀이터 벤치에 앉아 10분을 기다릴 수 있게 한다.

스스로 문제를 수습하도록 이끌어준다

아이가 잘못의 대가를 치렀다면 부모는 자신의 행동에 책임을 진 아이를 간단히 격려해주고 피해를 입은 상대방에게 가서 사과하도록 이끈다. 만약 아이가 사물이나 사람에게 피해를 입혔다면 그 피해에 대한 '보수repair' 행동을 하도록 한다.

단순히 '말'로만 하는 사과보다는 자신 때문에 생긴 피해를 보수하는 '행동'이 좀 더 의미 있다. 꼬집어서 생채기가 난 동생의 뺨에 밴드를 붙여준다거나, 발로 차서 부서뜨린 친구의 블록을 함께 다시 만든다거나, 상대방의 기분을 좋게 하거나 도움을 주는 행동을 할 수 있도록 이끌어준다. 그러면 아이는 꼬집힘을 당한 동생이나 망가진 블록으로 속상해하는 친구와 화해할 수 있고, 어떤 행동이 좋은 행동인지 구체적으로 알게 되며, 자신이 한 행동에 대한 죄책감도 덜 수 있다.

"이제 10분이 다 되었구나. 아까는 깜빡 잊고 놀이터에서 순서를 지키지 않고 친구를 밀쳤어. 그래서 10분 동안 미끄럼틀을 탈 수 없었지. 지금은 순서를 지키는 것, 밀치면 안 된다는 것을 잘 알게 되었을 거야. 이제 네가 원한다면 다시 미끄럼틀을 탈 수 있단다. 그런데, 그 전에 잠깐! 아까 영수가 넘어지면서 무릎이 좀 까진 것 같아. 아팠을 거야. 영수에게 가서 미안하다고 말하렴. 그리고 어떻게 하면 영수의 마음이 풀릴지도 생각해보자."

이렇게 말해주면 어떤 아이들은 자신이 상처를 준 친구를 위해 할 수 있는 일들을 스스로 생각해낸다. 하지만 어떤 아이들은 뾰족한 아이디어를 내지 못하기도 하는데, 이럴 때는 잠시 아이가 생각해볼 시간을 준 뒤 부모가 몇 가지 제안을 해줘도 좋다.

"다친 부위를 '호호' 하고 불어주면 영수의 마음이 좀 편해질 수도 있어."

"밴드를 붙여주는 것도 좋겠다. 엄마한테 다쳤을 때 바르는 연고가 있어."

"네가 갖고 있는 초코과자를 같이 나눠 먹으면 기분이 좋아질지 몰라."

이런 식으로 가능한 대안들을 제시해주고 그중에서 아이가 고를 수 있게 해주면 된다.

부모 말을 잘 따라준 아이에게 칭찬을!

우여곡절은 있었더라도 잘못된 행동에 대한 부모의 훈육을 받아들이고 그것을 따른 아이에게 칭찬을 해주자. 아이가 남을 아프게 하고 말을 안 들을 때보다 부모의 지시에 따를 때 부모로부터 보다 긍정적인 관심과 격려를 받을 수 있음을 알게 하는 것이다. 이렇게 하면 아이는 앞으로 부모의 기대에 부응하려는 행동을 하려고 더욱 노력할 것이다.

아이들은 잘못된 행동을 했을 때 스스로에 대해 '나쁜 아이'라는 부정적인 자아상을 갖게 되어 의기소침해진다. 하지만 스스로 잘못을 인정하고 만회하려는 노력을 하여 갈등이 끝나고 관계가 다시 정상화된다면, 그리고 부모로부터 '잘못을 고치려는 착한 아이'라는 인정을 받는다면 아이의 자아상도 더욱 긍정적인 방향으로 변화하게 된다.

아이에게 잘못된 행동에 따른 결과 제공하기

'결과'란 잘못된 행동에 따른 불이익이나 벌 등을 의미한다. 미끄럼틀에서 새치기를 하면 10분 동안 탈 수 없는 것 같은 불이익이 바로 아이가 받게 되는 결과다.

아이들이 잘못된 행동에 따른 대가를 치러야 할 경우, 어떤 결과를 제공하는 게 효과적일까? 그것은 아이들의 행동에 따라 다르며, 가장 효과적인 결과는 아이가 한 행동과 관련 있는 것이다.

만일 아이가 비닐 위에서 찰흙놀이를 하라는 엄마의 말을 어기고 비닐 없는 바닥에다 찰흙을 어질러놓았다면, 아이에게 바닥에 달라붙은 찰흙을 떼어내게 하자. 만일 아이가 연필로 책상 위에 낙서를 잔뜩 해놓았다면, 지우개로 낙서를 지우게 하자. 아이에게 제공하는 이 같은 결과는 아이가 잘못된 행동을 하기 전의 상태로 '복구'하는 것으로 아이 자신이 저지른 행동과 직접적으로 관련이 있다.

저지른 행동과 관련 있는 또 다른 결과로는 '연습'이 있다. 예를 들어, 블록을 정리정돈할 때 블록 통에 세게 던져 넣는다면,

아이는 던지지 않고 블록을 넣는 행동을 반복해서 해야 할 것이다.

또 앞선 미끄럼틀의 예처럼 '일시적 권리 상실'도 잘못된 행동과 관련지어 제공할 수 있는 결과다. 함부로 장난감을 다룰 때나 게임에서 졌다고 게임 판을 집어던질 때, 일정 시간 동안 사용을 금지하는 것이 여기에 해당한다. 자신의 권리를 남용할 때 그 권리가 박탈될 수 있음을 알게 하는 것이다.

안 싸우는 놀이 시간,
중요한 건 '환경'

이미 발생한 문제를 처리하는 일보다 그런 문제가 발생하지 않도록 사전에 예방하는 일이 더 중요하다. 아이들이 싸우거나 격하게 화내는 일이 덜 생기도록 환경을 만들어주거나, 그런 행동이 발생할 조짐이 보일 때 어른이 개입해 차단하는 것이다.

유아기 아이들이 서로 때리고 다툴 때는 주로 놀이 시간이다. 앞서 잠시 설명하긴 했지만 어떤 놀이 환경은 아이들의 공격성을 부추기기도 한다. 남자아이들이 있는 곳에 총이나 칼, 막대기가 놓여 있다면 5분 후에는 울음소리와 싸우는 소리를 들을 수 있을 것이다. 활동성이 높은 아이들이 있을 때는 소위 공격적인 장난감으로 불리는 것들을 치워놓는 것만으로도 갈등 자체를 줄일 수 있다.

장난감이 너무 적어도 싸움이 일어날 확률이 높다. 아이들이 놀만한 충분한 놀이기구나 장난감이 제공된다면 아이들은 장난감을 빨리 차지하려고 경쟁할 필요가 없다. 하지만 장난감의 개수가 많더라도 최신 유행의 장난감은 하나뿐이라면 아이들 사이에 긴장감이 고조된다. 아이들에게 인기 있는 장난감은 되도록이면 아이들 수에 맞게 구비하는 것이 좋으며, 어쩔 수 없이 그런 장난감이 하나뿐이라면 치워놓는 것이 싸움을 예방하는 데 도움이 된다.

너무 좁은 공간에 아이들이 많이 있을 때도 다투기 쉽다. 어깨가 부딪히거나 몸을 미는 것, 발에 걸려 넘어지는 것 같은 우연한 신체적 접촉이 큰 싸움으로 번지는 경우가 정말 많다. 놀이 공간이 넓으면 아이들의 '우연한 신체적 부딪힘'이 줄어들 수 있다.

실내에서 하는 놀이는 달라야 한다

장난감이나 놀이기구는 아이들이 있는 공간의 특성을 고려해 제공되어야 한다. 좁은 공간에 그네나 미끄럼틀, 공과 같은 활동적인 놀잇감을 두면 곧 아수라장이 된다. 좁은 공간에서는 정적인 활동을 유도할 수 있는 책이나 퍼즐, 블록이 좋고 그림 그리기나 만들기, 소꿉놀이와 같은 놀이 활동이 적절하다.

친구를 때리고 싸워서 야단맞는 아이들을 보면 주로 실내에서 문제행동을 일으킬 때가 많다. 이 아이들은 실내에서 노는 방법을 모르는 경우가 대부분이다. 부모들이 놀이터나 키즈카페와 같은 넓은 공간에 아이들을 풀어놓고 놀게만 하다 보니 집에 있을 때도 뛰어다니고 거칠게 행동하며 치대기만 한다. 부모는 얌전히 놀라고 하지만 정적인 놀이 경험이 없으니 어떻게 해야 하는지 알지 못하는 것이다.

아이들이 대소근육을 사용해서 신나게 노는 신체 놀이는 정말 중요하다. 초등학교 저학년 이하의 아이들이라면 누구나 하루에 30분은 신나게 뛰어놀아야 스트레스가 해소되고 공격성도 줄어든다. 하지만 이런 놀이와 함께 말하는 놀이, 조작하고 상상하는 놀이 등 다양한 놀이를 경험하고 직접 할 수 있을 때, 아이들은 실내에서도 좁은 공간에서도 마찰 없이 함께 놀며 지낼 수 있다.

아이들이 원만하게 노는 법

만일 여러 명의 아이들이 좁은 공간에서 함께 놀 경우에는 어른이 아이들 사이에 앉아 중간중간 살펴주는 것만으로도 과격한 행동을 크게 줄일 수 있다. 어른이 아이들 간의 소통을 돕고 우연한 신체적 부딪힘을 차단하고 작은 일이 큰 갈등으로 번지는 일을 막아주는 것이다. 미취학 유아들은 아직 상대방의 입장을 이해하거나 자신의 생각을 효율적으로 전달하는 데 어려움을 느낀다. 어른이 조금만 도와주면 어린아이들도 타협하고 조율하면서 비공격적인 방법으로 갈등을 해결할 수 있다.

놀이 시간이 너무 적어도 아이들은 화를 내고 싸우기 쉽다. 유아들이 블록으로 뭔가를 만들거나 역할놀이를 한다면 최소한 30분은 필요하다. 절반도 안 했는데 멈추라고 하거나 치우라고 하면 유아들은 짜증이 나서 떼를 쓰거나 서로에게 시비를 걸 수 있다.

규칙을 명확히 제공하는 일도 안정적인 환경을 조성하기 위해 필수적이다. 유아들의 공격성은 규칙이 부재하거나 어른이 방관할 때 더욱 심해진다. 하나의 장난감을 나눠 써야 한다면 아이마다 장난감을 혼자 갖고 놀 수 있는 시간을 미리 정해두거나, 그 순서를 정하는 방법을 규칙으로 미리 제시해준다. 그리고 그 규칙을 지킬 수 있도록 격려하고 이끌어주면 아이들이 치고받고 싸울 일은 크게 줄어들 것이다.

우리 아이의 행동을 제대로 이해하기

영아기에서 유아기까지 미취학 아이들은 생리적 불편감이나 환경 변화에 매우 민감하다. 생리적, 환경적 요소들 때문에 때리고 싸우는 공격적인 행동이 촉발되는 경우도 많다. 따라서 부모는 아이가 공격적인 행동을 보인다면 혹시 아이가 생리적으로 불편감을 느끼고 있진 않은지, 특정한 환경 요소나 사건이 아이를 불안하게 하거나 좌절감을 주는 것은 아닌지 먼저 살펴봐야 한다.

아이를 힘들게 하는 외적 환경 요소에는 부모 자신의 스트레스나 감정 조절도 포함된다. 다음 질문들에 대한 답을 적어보자. 아이의 행동을 이해하고 잘 다루기 위한 구체적인 방법을 계획하고 연습하는 데 유용할 것이다.

아이의 행동 및 상황을 적어보기

1. 공격적인 행동이 어디에서 발생했는가? 집, 할머니 집, 어린이집, 쇼핑몰 등 거의 모든 상황에서 공격적인 행동을 하는가, 아니면 특정 장소에서 유독 그러는가?

2. 만일 특정 상황에서만 공격적인 행동을 한다면 어떤 환경이 아이의 공격성을 부추기는가? 사람들이 너무 많을 때? 지나치게 시끄러울 때? 덥고 답답할 때?

3. 공격적인 행동이 특정 개인을 향한 것인가, 아니면 아무에게나 공격적인 행동을 하는가?

4. 언제 공격적인 행동을 하는가? 낮잠 자기 전에? 피곤할 때? 하나의 활동에서 다른 활동으로 옮겨갈 때?

5. 아이가 공격적인 행동을 하기 바로 전에 무슨 일이 일어났는가? 예를 들어, 놀고 있는 아이에게 장난감을 정리하라고 했는가? 외출을 해야 하니 그만 놀라고 했는가? 다른 아이가 장난감을 빼앗았는가?

6. 혹시 최근에 아이가 분노, 슬픔, 무력감, 불안 등을 느낄 만한 일이 있었는가? 예를 들어, 어린이집에서 반이 바뀌었거나 이사했거나 혹은 동생이 태어났거나 반려동물의 죽음을 경험했는가?

부모의 행동 및 상황을 적어보기

1. 아이가 공격적으로 행동했을 때 부모 자신은 감정을 어떻게 조절했는가? 아이에게 반응하기 전에 자신을 진정시키는 일이 가능한가?

2. 아이가 공격적인 감정을 진정시킬 수 있도록 얼마나 효과적으로 도와주었는가? 그 방법이 통했는가, 안 통했는가? 아이의 공격성을 다루는 당신의 방법을 통해 아이가 무엇을 배웠다고 생각하는가?

◆

/\/\/\/\/\/\/\/\/\/\/\/\/\/\

CHAPTER 5

아동기 지도법

만 6세에서 만 12세

/\/\/\/\/\/\/\/\/\/\/\/\/\/\

학습과 놀이 사이에서 갈등하는 아이

학교에서 신나게 놀고 온 유준이는 엄마가 밀린 학습지를 내밀자 금세 입을 씰룩거리며 "아이씨"를 읊조린다. 그 모습을 본 엄마는 화가 치밀어 유준이에게 잔소리를 시작했다.

"노는 게 아무리 좋아도 학습지는 제때 했어야지! 안 그래? 맨날 놀기만 할 거야? 어서 빨리 해! 안 하면 너 내일부터 친구들과 못 놀아!"

엄마가 말하는 동안에도 유준이의 얼굴은 울그락불그락하더니 친구들과 못 논다는 말이 나오자마자 "짜증나!"라고 소리치며 앞에 놓여 있던 학습지를 바닥에 던졌다. 유준이의 이런 모습은 처음 본 것이어서 엄마는 순간 너무 놀라 아무 말도 하지 못했다.

여전히 성인에 비해서는 미숙하지만 아동기가 되면 제법 아이들의 인지적 능력이 발달한다. 그래서 유아기처럼 막무가내로 떼를 부리거나 신체적 공격을 하는 경우는 눈에 띄게 줄어든다. 물론 기질적으로 산만하거나 충동적인 성향이 강하거나 커다란 심리적 스트레스를 겪고 있는 아이들, 혹은 영유아기 동안 적절한 훈육 지도를 받지 못한 아이들은 아동기가 되어서도 여전히 공격성을 비롯한 여러 문제를 일으킬 것이다. 어쩌면 그런 문제를 더 심하게 겪게 될 수도 있다.

부모로서 지나친 기대를 하고 있진 않은가?

대부분의 아이들은 성숙해지면서 자기조절 능력에 긍정적 변화가 찾아온다. 하지만 몇 가지 영역에서는 여전히 부모나 또래와 마찰을 겪는다. 숙제와 공부, 귀가 시간, 게임 및 여가 시간 등이 바로 그런 영역들이다.

　아동기의 아이들은 지적인 호기심이 제법 강해서 새로운 것을 배우는 일에 흥미와 욕구를 느끼지만 여전히 즐거움의 욕구 또한 강하다. 아이들의 삶에 이 두 가지 욕구가 적절한 방식으로 조화를 이룬다면 매우 행복한 아동기를 보내겠지만, 만일 부모 혹은 주변 환경이 아이의 놀이 욕구를 무시하고 지나치게 학문적 성취만을 강조하면 아이는 부모와 투쟁을 벌일 가능성이 높다. 따라서 부모는 아이의 학습에 대한 자신의 기대가 적절한 것인지를 살펴보아야 한다.

아이의 의견을 배려하며 일과표를 짜야

초등학교, 특히 저학년 시기까지는 부모가 아이의 하루 일과표를 구성해주면 좋다. 이때 부모는 아이의 하루 일과에 놀이와 학습이라는 두 요소가 균형 있게 배치될 수 있도록 해야 한다. 대부분의 부모는 아이가 공부부터 먼저 한 후 놀이 시간을 보내는 일과표를 선호한다. 여기에는 약간의 문제가 있을 수 있다. 아동기에는 유아기에 비해 훨씬 더 강한 또래 욕구를 보이기 때문에 놀이 시간에 혼자 노는 것을 결코 좋아하지 않는다. 또래와 함께 놀아야 진짜로 '논 것'이기 때문에 아이는 놀이 시간을 또래의 스케줄에 맞추고 싶어 한다.

과거에는 친구들과 놀이 시간을 맞추는 일이 어렵지 않았으나 지금은 다들 여러 학원들을 다니다 보니 시간 맞추는 게 결코 쉽지는 않다. 좋아하는 친구가 방과 후 한 시간만 놀 수 있다면 아이는 엄마가 학교 끝나고 바로 집에 들어오라고 해도 번번이 약속을 어길 것이다. 엄마 말대로 곧장 집에 와서 숙제를 다 하고 놀이터에 나가면 그때는 친구를 만날 수 없기 때문이다.

이런 일이 잦다면 부모는 자신의 생각만을 고집하기보다는 아이의 욕구를 들여다보고 배려해줄 필요가 있다. 아이에게 "친구 따라 강남 갈 거냐?", "그렇게 친구가 좋으면 친구랑 살아라!"라고 말하기보다는 놀이 시간과 공부 시간을 현실적으로 조정해주는 게 좋다. 아이와 이렇게 대화를 시작해보자.

"시간표는 잘 지키는 게 중요해. 그런데 집에 오는 시간이 자꾸 늦어져서 시간표를 지키지 못할 때가 많구나. 뭐가 문제인지 함께 이야기해보도록 하자. 엄마는 네가 지킬 수 있는 시간표를 만들면 좋겠거든."

그리고 아이의 입장을 충분히 경청해주고 의견을 존중해주며 일과표를 바꿔보는 것이다. 부모가 생각하기에 아이가 제시한 일과표가 지키기 어렵다고 생각되거나 믿음이 잘 가지 않는다면 일단 아이의 뜻을 반영하되 일주일 후 재평가를 통해 다시 조정하겠다는 조건을 걸어도 된다.

감정적으로 비난하지 말고 존중해주자

모든 아이들이 연령과 상관없이 존중받아야 하지만, 부모가 아동기 아이들을 대할 때는 특히 존중하는 모습을 보여줘야 한다. 일방적으로 부모의 주장을 밀어붙이거나 비난을 하게 되면 아이는 괜한 반항심만 키울 뿐이다. 무엇보다 부모가 감정적으로 처벌을 할 때 아이들은 부모의 언행을 불공정하고 비이성적이라고 생각해 스스로 따르고자 하는 마음이 들지 않는다.

부모의 감정적인 처벌과 언행에 두려움을 느낀 아이는 겉으로는 순순히 따르는 척해도 마음속에는 불만이 가득할 것이다. 그리고 은근히 버티는 식의 수동적 공격 행동을 통해 부모의 권위에 도전할 수 있다. 좀 더 대범한 아이는 대놓고 부모를 무시하거나 욕하거나 때리는 등 적극적인 공격 행동을 취할 수도 있다.

잔소리는 금물, 부드럽고도 단호하게

아이가 꼭 지켜야 할 기본 규칙을 어기면 부모로서 당연히 훈육을 해야 한다. 이때도 감정적인 훈육은 지양한다. 부드럽지만 단호한 태도로 왜 그 행동이 잘못됐는지 말해주고 잘못의 대가를 치르게 하면 된다. 이때 쓸데없는 말을 늘어놓아 잔소리처럼 들리지 않도록 주의하자. 아이가 사전에 약속한 규칙을 어겼으면 이렇게 말하기만 하면 된다.

"안타깝게도 네가 규칙을 지키지 못했구나. 이 규칙을 어기면 핸드폰을 오늘 하루는 사용할 수 없다고 했지? 자, 핸드폰을 엄마에게 주렴!"

그러면 아이는 뚱한 표정으로, 때로는 뭐라고 궁시렁대며 핸드폰을 꺼내 건네줄 것이다. 그런데 이때 엄마가 "도대체 넌 왜 맨날 약속을 안 지키니? 생각이 있는 거야, 없는 거야? 엄마 말이 우습게 들려? 동생은 약속 잘 지키는데 너는 형이 되어서 왜 그래?" 혹은 "뭘 잘했다고 입을 내밀어?"와 같은 잔소리를 덧붙이면 아이의 기분은 어떨까? 이 말이 가뜩이나 좋지 않은 아이의 마음에 기름을 붓는 격이 되어 아이는 격한 반응을 보일 수 있다.

아이가 "다른 애들은 이런 규칙 안 지켜도 되는데, 우리 집만 왜 이래?", "싫어. 내 마음대로 할 거야", "엄마 마음대로 만든 규칙이니까 난 안 지켜도 돼!", "왜 동생하고 맨날 비교해? 그럼 동생만 낳지나는 왜 낳았어?", "엄마가 나를 이렇게 낳은 거잖아. 자식은 부모를 닮는 거랬어!", "왜 신경질 내고 난리야!" 식으로 말하면 엄마는 또 이 말을 듣고 발끈해서 아이와 꼬리에 꼬리를 무는 끝없는 전쟁을 이어간다. 이러다 보면 '누가 이기나 보자' 식의 힘겨루기로 이어지기도 한다.

이런 힘겨루기는 대부분 안 하니만 못한 결과로 이어진다. 엄마가 더 심한 말과 논리로 아이의 입을 다물게 하거나, 반대로 엄마가 아이의 말에 기막히고 질려서 "관두자!"라며 자리를 피하는 것 모두 아이의 공격성에 부정적인 영향을 미친다. 엄마가 이겼을 경우 아이는 거친 말이 얼마나 큰 상처를 주는지 체감하게 되며, 반대로 자신의 말대꾸에 부모가 한숨을 쉬거나 화를 벌컥 내며 자리를 피하면 아이는 '훗, 내가 이렇게 하니까 엄마가 당황하는데?'라고 생각하며 앞으로 언어를 공격의 주요 수단으로 삼게 될 가능성이 높다.

아이들은 비난을 더 잘 기억한다

부모와의 논쟁에서 이겼다고 생각될 때, 아이는 일시적으로는 승리감을 느낄 수 있다. 하지만 논쟁 중에 부모가 자신을 비난했던 말과 표정은 시간이 지나도 생생히 기억되며 아이의 자존감에 부정적인 영향을 끼친다. 또 시간이 흐를수록 아이는 자신의 어떤 행동 때문에 부모와 말다툼을 벌였는지는 생각나지 않고 부모의 감정적 처벌과 비난만 떠올라 기분이 나빠진다.

　실제로 아이들을 상담해보면 많은 아이들이 부모가 자신을 처벌한 방식은 세세히 기술하는 반면 어떤 일 때문에 그런 상황에 처하게 되었는지는 잘 기억해내지 못하는 경우가 많았다. 따라서 아이가 자기 행동의 잘잘못을 깨닫고 보다 올바른 방식으로 행동하기를 원한다면 부모는 감정에 휘둘려 반응하는 대신 사실과 규칙에 기초해 말하고 행동하려고 노력해야 하며, 아이와 지나친 논쟁을 벌이지 않도록 해야 한다.

　아이가 계속 꼬투리를 잡고 말대꾸를 할 때 부모가 아이의 말에 일일이 반응할 필요는 없다. 부모가 너무 반응을 하면 아이는 자신이 상황을 통제하고 지배하고 있다고 생각하여 전투력이 상승한다. 부모는 아이가 하는 말들을 무시하지 않고 들으며 간혹 "음~", "아~" 정도로 가볍게 반응하거나, 대꾸할 필요가 없다고 생각되면 그냥 가만히 있으면 된다. 한숨을 쉬거나 티나게 냉담한 반응을 하는 것은 오히려 관심을 주는 것이므로 하지 말고, 아이의 말에 감정적으로 동요하는 모습을 내비치지 않도록 주의한다.

　그러면서 아이가 어떤 이유나 의도 때문에 그런 말을 하는지 생각하여 반응해준다. "엄마는 맨날 핸드폰 보면서 나는 못 보게 하고", "엄마 마음대로만 하고!"라며 소리 지를 때 엄마는 "에휴, 아쉬운가 보다. 핸드폰으로 재미있는 걸 보고 있었나 보네", "진짜 주기 싫은가 보다. 그래도 규칙은 규칙이니까!"라며 아이에게 핸드폰을 건네라는 눈짓과 함께 손을 내밀면 된다. 이런 부모의 행동이 학령기 아이들의 눈에는 꽤 쿨하고 멋있으며 반박의 여지가 적은 것으로 느껴져 순응 행동으로 이끈다.

또래압력, 아이의 말 못할 고민

어린아이들도 또래에 대한 관심이 많지만 사춘기라 불리는 초등학교 고학년 시기에는 또래에 대한 욕구가 절정에 이른다. 또래집단에 소속되는 것이 매우 중요하기 때문에 이 시기의 아이들은 또래와 반대되는 부모의 의견을 거부하고 또래의 말과 행동을 따르려 하기 때문에 부모 입에서 "친구가 죽으면 너도 따라 죽을 거냐?"라는 말이 절로 나오기도 한다. 부모의 눈에는 아직까지 미숙한 게 천지인 아이가 부모의 말보다 또래의 말을 더 따르는 게 불안하고 마뜩잖겠지만, 이 시기의 아이들에게 또래가 얼마나 중요한지를 이해하지 못하면 부모와 자녀의 관계에 심각한 갈등이 발생하며 아이의 반항적인 행동이 증가할 수도 있으니 주의해야 한다.

또래 소속감이 높아지는 시기에 아이들은 기성세대와는 차별화된 자신들만의 또래 문화와 유행을 따라 하고 싶어 한다. 아이들은 친한 또래들과 무리를 지어 놀며 자신들의 무리에 이름을 붙이기도 하고, 같은 옷이나 신발을 신는 것으로 한 팀이라는 표식을 만들기도 한다. 평소에 쇼핑에 관심이 없던 아이가 갑자기 엄마에게 축구화를 사 달라고 조르거나 옷을 고르는 데 신경을 쓴다면 아이는 자신이 속한 집단에 어울리기 위해 노력 중이라는 뜻이다. 이때 엄마는 "그 옷, 별론데? 이게 훨씬 비싸고 좋은 거야!"라고 다른 옷을 추천하기보다는 아이의 선택을 존중해주는 것이 좋다. 물론 '등골 브레이커'라고 불리는 고가의 옷까지 무리해서 사 줄 필요는 절대 없다. 하지만 아이에게도 필요한 것이라면 무리가 되지 않는 선에서 아이의 취향과 선택을 존중해주자.

"그런 나쁜 애들과 왜 놀아?"

아이의 또래관계가 늘 긍정적인 영향을 미치는 것은 아니다. 부정적인 또래관계가 아이의 공격적인 행동의 원인이 되는 경우도 종종 있다. 특히 '또래압력'은 따돌림, 훔치기, 집단 폭력, 거짓말과 같은 문제행동과 상관이 있다.

또래집단은 옷과 신발뿐 아니라 말투, 행동, 심지어 가치관까지 비슷하기를 은근히 요구하는데, 이를 또래압력이라 한다. 건강한 집단은 사회적 규칙과 상식에 크게 어긋나는 행동을 하라고 압박하지 않지만, 어떤 집단은 소위 일탈이라고 불리는 행동을 강요한다. 집단 따돌림에 함께 참여하기를 요구하고, 편의점에서 물건을 훔치도록 부추기며, 이를 거부하면 집단에서 내쫓긴다.

집단에 소속되는 것을 매우 중요하게 여기는 학령기 아이들은 잘못된 행동인 줄 알면서도 배척당할까 봐 또래를 따라 하는 경우들이 종종 있다. 어떤 부모는 "그런 나쁜 애들과 왜 놀아? 놀지 마!"라고 말하지만 이는 말처럼 쉬운 일이 아니다. 집단의 말을 듣지 않았을 때 받게 될 보복이 두렵고, 그 집단에서 나오게 되면 홀로 남겨지는 것도 무섭기 때문에 또래집단의 압력에 굴복하게 된다. 따라서 부모는 아이가 또래의 영향으로 공격적인 행동을 한다고 생각되면 "그런 애들과 놀지 마!"라는 가벼운 충고 대신 아이의 말을 경청하고 아이의 불안과 두려움을 깊이 공감해주는 자세가 필요하다. 부모가 이렇게 대할 때 아이는 부모의 말에 귀를 기울이고 조언을 구하고픈 마음이 든다.

힘든 아이에게 조언해주는 법

사춘기 자녀에게 조언을 해줄 때 조심해야 할 점은 너무 직접적으로 가르치려 들지 않는 것이다. "~해야지!"라는 식의 강압적인 조언은 아이의 반발을 사기 쉬우며 대화 자체를 단절시킨다. 이제 제법 자기 생각을 갖춘 아이는 스스로 납득이 되고 동의할 수 있어야 그 조언을 따르므로, 아이가 반발심이 들지 않게, 그리고 강압적이지 않은 방식으로 조언을 해야 한다.

이를 위해 부모는 비유를 사용하거나 책이나 영화, 이야기를 통한 '은유'를 활용하는 것이 좋다. 예를 들어, 아이와 집단 따돌림에 참여하기를 강요받은 일에 대해 이야기를 나누고 있다면 엄마는 "그렇다고 하면 어떡해? 안 한다고 해야지"라고 말하기보다는 이렇게 이야기를 풀어가보자.

"네 이야기를 들으니 예전 일이 생각나네. 그때 엄마도 원치 않은 일을 친구들 때문에 해야 하는 상황이었거든. 진짜 미칠 것 같더라. 하자니 양심에 찔리고, 안 하자니 친구들 눈치가 보이고……. 어떻게 해야 하나 많이 고민하다가 한 가지 꾀를 냈는데, 그게 꽤 괜찮았어!"

아이에게 이렇게 저렇게 하라고 직접적으로 충고하는 대신 아이가 이야기 속에서 교훈을 찾을 수 있게 도와주는 방식이다. 책과 드라마, 영화 등도 이런 은유적 가르침을 줄 수 있는 매우 좋은 도구다. 도서관에 가면 아이들의 또래관계나 감정 조절에 도움을 줄 만한 책들이 매우 많다. 부모가 먼저 읽어본 후 아이에게 맞는 책을 골라주자. 그리고 아이와 책에 대한 이야기를 나누다 보면 좀 더 깊은 대화를 할 수 있고, 아이도 자신이 처한 상황을 극복할 묘책을 얻을 수 있다.

아이가 자기편을 찾도록 도와주자

아이가 부당한 또래압력을 거절할 수 있으려면 자신을 지지해주는 사람을 찾는 것도 매우 중요하다. 이를 위해 또래들 중에서 아이의 편을 들어줄 만한 친구를 찾아야 하며, 교사와 부모도 아이들에게 관심을 주는 일을 게을리하면 안 된다. 대부분의 또래관계에서 생기는 문제는 성인의 감독이 소홀한 틈을 타서 일어난다는 사실을 꼭 기억하자.

고학년이 되면서 친구 사귀는 일에 부모가 개입할 여지는 줄어들지만 좀 더 나은 친구들을 사귀고 새로운 또래집단에 참여할 수 있게 하려면 때로는 부모가 나서야 한다. 친구를 사귀는 가장 쉬운 방법은 좋아하는 활동에 참여하는 것이다. 캠핑, 영화 보기, 놀이공원 가기 등은 대부분의 아이들이 좋아하는 것으로, 이런 기회를 만들어주고 적극 활용하도록 한다.

사춘기가 가까워지면서 아이들은 부모가 자신의 마음이나 상황을 제대로 이해하지 못하고 실질적인 도움을 줄 수 없다고 느껴 어려움이 있어도 부모에게는 말을 하지 않는 경우들이 종종 있다. 이럴 때는 아이보다 몇 살 위의 형이나 누나, 언니, 오빠에게 도움을 청해보는 것도 좋다. 이들은 부모보다도 아이의 상황을 보다 잘 이해하고 공감하며, 문제 상황을 목격했을 때 아이가 빠져나올 수 있도록 직접적인 도움을 줄 수 있다. 이 시기의 아이들에게는 부모보다

선배가 더 큰 영향력을 행사하기 때문에 아이가 곤란할 때 선배가
아이의 이름을 불러준다거나 가까이 다가가주는 것만으로도 큰 힘
이 된다.

PART 3

어떤 아이는 유독 까다로운 기질 때문에,
어떤 아이는 부모의 잦은 갈등으로 인해,
또 어떤 아이는 그저 어떻게 해야 하는지 몰라서
떼를 쓰며 공격적으로 행동한다.
사랑스럽던 아이가 공격성을 보이는 요인은 꽤 복합적이다.
그러므로 아이를 효과적으로 보호하고 지도하려면
그 요인들을 두루 이해하고 탐색하는 일부터 해야 한다.

아이의 진짜 원인을 알면
속상하지 않다

- 원인별 실전 지도법

◆

∧∧∧∧∧∧∧∧∧∧∧∧∧∧∧∧∧∧∧∧

CHAPTER 6

공격적 기질을
타고난 아이

∧∧∧∧∧∧∧∧∧∧∧∧∧∧∧∧∧∧∧∧

"이런 제 모습, 타고났대요!"

사람의 공격성을 연구하는 학자들은 우리가 특히 생존이나 안전을 위협받을 때 공격적으로 대응하도록 유전적으로 프로그램화되어 있다고 주장한다. 이런 주장은 비교행동학(동물의 행동과 외부 환경의 관계에 초점을 맞추고, 이를 인간의 행동과 비교하는 연구 분야)에서 활발하게 이루어진다. 이 분야의 연구에 따르면 공격성이란 동물들이 생존에 필요한 음식이나 영역을 지키기 위해 타고난 것이며, 이 공격성이 우리 인간에게도 본능적으로 내재되어 있어서 우리 역시 자기 영역으로 여겨지는 공간이나 대상이 침해당할 경우 반사적으로 공격성이 나온다는 것이다. 영역을 지키기 위해, 혹은 짝짓기를 위해 목숨 걸고 싸우는 동물들의 모습은 야생 다큐멘터리에서 심심치 않게 볼 수 있는 장면이지만 그런 모습이 단지 동물의 세계에만 국한된 것은 아니라는 말이다.

현대사회에서는 굳이 개인이 직접 응징하거나 보복하지 않더라도 법이 개인의 소유물과 영역을 보호하고 갈등을 조정해주기 때문에 직접적인 충돌과 폭력이 과거에 비해 줄어들었다. 하지만 법적인 보호가 이루어지지 않는 혼란한 사회에서는 여전히 공격성이 높게 나타난다. 아무리 교육과 학습을 통해 도덕적으로 성숙했다 하더라도 올바른 도덕적 가치관과 행동을 지지하고 지켜주는 사회 시스템이 없다면, 결국 우리는 동물들처럼 생존과 안전을 위해 공격적인 행동을 할 수밖에 없다. 이와 같은 맥락에서 보면, 아직 미성숙한 아이들 역시 성인의 중재와 보호가 없을 때 공격성이 더욱 격하게 나타날 수 있다는 얘기가 된다.

감정을 조절해주는 전전두엽

공격성에 관한 최근 연구들은 특히 뇌 기능이나 호르몬, 신경전달물질 등과 같은 생리적, 화학적 특성을 강조한다. 우선 뇌와 공격성에 관한 연구에서는 주로 감정 조절과 행동 억제 등을 담당하는 전두엽, 그중에서도 전전두엽의 기능이 공격성과 큰 연관성이 있다는 결과들이 확인되었다.

미국 서던캘리포니아 대학교 에이드리언 레인 교수는 일반인들과 범죄자들의 뇌 활동과 대뇌피질의 모습을 촬영해 비교해보았다. 그 결과 범죄자들은 일반인들에 비해 감정을 조절하는 전전두엽의 활동이 현저히 떨어지는 것으로 나타났다. 이들은 다른 사람들 때문에 화가 나거나 욕구가 좌절되면 자신의 감정을 참지 못했다. 또한 다른 사람들의 입장이나 아픔을 이해하지 못하기 때문에 사람들에게 해를 입히고 범죄를 저질러놓고도 죄책감이 없었다.

이처럼 공격성이 높은 사람들은 일반인들에 비해 전전두엽 기능에 문제가 있으며, 정상적인 사람들도 전전두엽이 손상되면 범죄자들과 비슷한 행동을 한다는 사실이 다른 연구에서도 나타났다. 손상되거나 덜 성숙하거나 비활동적으로 기능이 저하된 전전두엽의 상태가 공격성의 충동적 표출과 밀접한 관련이 있는 것이다.

최악의 성격은 어떻게 만들어질까?

예전에 한 다큐멘터리를 본 적이 있다. 범죄심리학자가 최악의 범죄자 10명을 선정해 분석하는 내용이었다. 이들 대부분은 연쇄살인범이나 이단종교 교주처럼 수많은 사람을 죽음으로 몰아넣은 범죄자들이었다. 범죄심리학자는 이 최악의 범죄자들의 공통점을 두 가지로 정리했다. 첫 번째는 어린 시절에 신체적 학대를 받았다는 것이고, 두 번째는 뇌손상을 입은 상태였다는 것이다.

범죄심리학자는 아마도 어린 시절의 학대 경험이 뇌손상을 불러일으켰으며, 이로 인해 이들이 반사회적 성격장애나 충동 조절에 어려움을 겪게 되었을 것으로 추정했다. 어쩌면 반대로 이들이 뇌손상 때문에 공격적인 행동을 많이 하고, 이로 인해 학대를 받았을 수 있다. 하지만 무엇이 먼저든 간에 뇌손상과 학대 경험의 조합은 이후 성격 형성에 최악의 결과를 초래한다는 점만은 분명한 듯하다.

이 밖에도 세로토닌이나 테스토스테론 등의 호르몬과 노르에피네프린 등의 신경전달물질도 공격성에 영향을 미친다. 높은 테스토스테론 수치는 좌절에 대한 공격적 반응, 충동성, 일탈 행위 등과 유의미한 상관관계가 있으며, 세로토닌 수치가 낮은 경우에도 공격성이 나타날 가능성이 높다. 신경전달물질 중 하나인 노르에피네프린도 공격성에 영향을 미치는데, 평균 수치보다 높은 경우 외에 낮은 경우에도 공격성에 영향을 주는 것으로 알려져 있다.

기질에 따른 아이들의 반응

타고난 기질도 아이들의 공격성에 중요한 영향을 미친다. 기질적으로 시끄럽고 활동성이 높으며 주의산만하고 일과의 변화에 잘 적응하지 못하는 아이들은 기질이 순한 아이들보다 더 자주 공격성을 나타낸다고 알려져 있다. 이런 아이들은 또래를 때리고 방해하고 물건을 빼앗으면서 신체적으로 상호작용하는 경향이 높은 반면, 조용한 아이들은 공격적인 결과를 불러일으킬 만한 상호작용을 피하면서 신체적으로도 거리를 둔다.

우리 아이의 기질 알아보기

그렇다면 우리 아이는 어떤 기질을 갖고 있을까? 기질이란 아이가 특정한 정서 상태에 있을 때 나타내는 행동양식이다. 크게 세 가지 유형으로 나눠볼 수 있다.

첫째, '쉬운 아이easy child'로 대략 40퍼센트 아동이 해당된다. 이 아이들은 신생아기에 규칙적인 일과를 보내며, 대체로 기분이 좋고 새로운 환경에 쉽게 적응한다.

둘째, '까다로운 아이difficult child'로 대략 10퍼센트 아동이 해당된다. 이 아이들은 불규칙적인 일과를 보내며, 새로운 경험을 받아들이는 데 시간이 걸리고, 부정적이고 강렬하게 반응하곤 한다.

셋째, '더딘 아이slow-to-warm-up child'로 대략 15퍼센트 아동이 해당된다. 이 아이들은 비활동적이며 온순하고, 환경적 자극을 겉으로 드러내는 반응이 적고, 부정적인 기분 상태에서 새로운 경험에 서서

히 순응한다.

아이들의 65퍼센트가 이 세 가지 유형 중 하나에 속하지만 나머지 35퍼센트의 아동은 어느 유형에도 해당되지 않는다고 한다. 따라서 우리 아이의 기질을 구성하는 세부적인 요소들을 알아보고 그 요소들이 어떻게 혼합되어 있는지를 살펴보는 것이 중요하다.

연구자들에 따라 차이가 있지만, 기질을 구성하는 요소에는 대략 다음과 같은 아홉 가지가 있다.

- **활동 수준** : 활동적인 정도
- **주의집중력** : 집중하고 참여하는 정도
- **지속성** : 주의를 기울이는 시간의 길이
- **감각민감성** : 감각적 예민함
- **적응성** : 새로운 환경에 적응하는 어려움
- **접근과 회피** : 위축, 낯선 것에 대한 저항과 두려움
- **기분의 질** : 까다로움, 쉽게 기분이 상함
- **반응의 강도** : 떼쓰기, 좌절, 한계 설정에 쉽게 분노함
- **규칙성** : 행동의 예측 가능성

다음에 나오는 기질 체크리스트는 영유아 자녀를 대상으로 한 것이다. 각 문항을 잘 읽고, 자녀가 그 내용에 해당하는 행동을 보이는 정도에 따라 0(결코 아니다), 1(때때로 그렇다), 2(항상 그렇다) 중 하나에

체크하면 된다. 7점 이상의 점수를 보인 기질 요소가 있다면 그 부분에 좀 더 유의해서 양육할 필요가 있다. 어릴 때부터 아이의 기질을 미리미리 체크해두자.

| 영유아 기질 체크리스트 |

기질 요소	내용	점수		
		결코 아니다	때때로 그렇다	항상 그렇다
활동 수준	- 계속 몸을 움직인다.	0	1	2
	- 항상 뭔가를 하고 있다.	0	1	2
	- 걷는 것보다 빨리 움직이고 달리는 것을 좋아한다.	0	1	2
	- 행동이 거칠고 자제가 잘 안 된다.	0	1	2
	- 제한받는 것을 싫어한다.	0	1	2
		(합계:)		
주의 집중력	- 주의집중이 힘들다(특히 흥미가 없는 것에).	0	1	2
	- 말에 귀를 기울이지 않는다.	0	1	2
	- 부모에게 신경 쓰지 않는다.	0	1	2
	- 공상에 잠긴다.	0	1	2
	- 지시를 까먹는다.	0	1	2
		(합계:)		
지속성	- 고집이 세다.	0	1	2
	- 원하는 것이 있을 때 지속적으로 불평을 하고 징징댄다.	0	1	2
	- 쉽게 마음이 누그러지지 못하고 포기하지 않는다.	0	1	2
	- 마음속에 오래 품고 있다.	0	1	2
	- 성내는 것이 오래간다.	0	1	2
		(합계:)		
감각 민감성	- 색, 빛, 모양, 감촉, 소리, 냄새, 맛, 온도를 잘 감지한다 (모두 해당할 필요는 없음).	0	1	2
	- 옷 입는 것이 까다로워 입히는 데 어려움이 있다.	0	1	2
	- 특정한 냄새, 맛, 모양을 좋아하지 않는다. 취향이 독특하다.	0	1	2
	- 먹는 것이 유별나게 까다롭다.	0	1	2
	- 밝은 빛이나 시끄러운 환경을 귀찮아하고 강하게 반응한다.	0	1	2
		(합계:)		

적응성	- 활동이나 일상생활의 변화에 어려움이 있다.	0	1	2
	- 융통성이 없고 사소한 변화도 잘 알아차린다.	0	1	2
	- 익숙한 것을 고집한다.	0	1	2
	- 새로운 것에 적응하는 데 어려움이 있다.	0	1	2
	- 반복적으로 같은 옷이나 같은 음식을 원한다.	0	1	2
		(합계 :)		
접근과 회피	- 낯선 사람 앞에서 부끄러움을 타고 말이 없다.	0	1	2
	- 새로운 장난감이나 옷보다는 오래되고 친숙한 것들을 좋아한다.	0	1	2
	- 새로운 상황을 싫어한다.	0	1	2
	- 주저하거나 울고 징징대며 저항한다.	0	1	2
	- 억지로 시키면 떼를 쓴다.	0	1	2
		(합계 :)		
기분의 질	- 기본적으로 심각하거나 심술궂다.	0	1	2
	- 드러내놓고 즐거움을 표현하지 않는다.	0	1	2
	- 쾌활한 성질이 아니다.	0	1	2
	- 기분이 나쁘면 쉽게 태도가 흐트러진다.	0	1	2
	- 하는 일이 잘 안 풀리면 쉽게 마음이 상한다.	0	1	2
		(합계 :)		
반응의 강도	- 얼굴 표정, 몸짓, 말투로 감정을 표현한다.	0	1	2
	- 쉽게 흥분한다.	0	1	2
	- 즐거울 때, 슬플 때, 화날 때를 막론하고 큰 소리를 내며 강하게 반응한다.	0	1	2
	- 권리를 박탈당했다고 느낄 때 즉시 심하게 반응한다.	0	1	2
	- 스트레스를 받고 있음을 확실히 나타낸다.	0	1	2
		(합계 :)		
규칙성	- 행동을 예측하기 어렵다.	0	1	2
	- 언제 배가 고프고 피곤할지 알 수 없다.	0	1	2
	- 먹는 일, 자는 일에서 부모와 갈등이 있다.	0	1	2
	- 밤중에 깨어난다.	0	1	2
	- 기분이 변덕스럽다.	0	1	2
		(합계 :)		

공격적인 기질을 극복하는 육아법

앞에서 살펴봤듯이 기질은 타고난 것으로 유전적인 영향을 받으며 전 생애를 통해 성장과 발달에 영향을 미친다. 기질을 구성하는 요소들 중 몇몇은 양육자를 힘들게 하고, 또래관계를 비롯한 타인과의 관계나 어린이집, 유치원 생활에 적응하는 데도 영향을 미친다. 그렇지만 아이가 그런 기질을 갖게 된 것은 누구의 잘못도 아니므로 아이를 탓하거나 부모 자신을 탓하는 것은 옳지 않다.

비록 '까다로운 아이' 기질이 공격성과 상관이 있고, 그 기질이 쉽게 바뀌지 않더라도 부모는 지지적이고 민감한 양육을 통해 아이의 타고난 성향을 수정하고 보완해줌으로써 아이가 자신의 기질에 보다 잘 대처할 수 있도록 도울 수 있다. 기질적으로 쉽게 공격적인 행동을 할 가능성이 높은 아이를 둔 부모라면 다음과 같은 양육적 노력을 해야 한다.

아이의 강한 정서와 반응에 불안해하지 말자

기질을 구성하는 요소들 중 기분의 질, 반응의 강도, 활동 수준은 공격성과 관련이 깊다. 기분의 질이 좋지 않아 부정적인 정서를 많이 느끼는 아이는 별일 아닌 것에도 쉽게 기분이 나빠지고, 좋지도 나쁘지도 않을 때는 나쁜 기분을 좀 더 느끼는 경우가 많다.

만일 부정적인 정서를 가진 아이가 반응의 강도까지 높을 때는 상한 기분을 더욱 강렬하게 표현한다. 또 이런 아이가 활동 수준까지 높다면 아이는 사소한 일로도 쉽게 기분이 상하고, 그때마다 때리거나 발로 차는 등 신체적 공격성을 강하게 나타낼 것이다. 아이의 이런 반응은 부모에게도 불쾌감과 긴장감을 불러일으킨다. 그래서 곧바로 부모가 아이의 행동을 비난하거나 제재하는 강압적 훈육으로 이어지기도 하고, 반대로 부모가 불안하고 당황해서 아무것도 하지 못한 채 아이의 기분과 행동이 가라앉을 때까지 무력하게 쳐다보기만 할 수도 있다.

부모의 이런 두 반응은 모두 아이의 정서 발달을 고려할 때 적절하지 않다. 이때 부모는 아이가 다른 아이들보다 감정이나 행동을 과하게 느끼고 표현하는 성향이 있음을 이해하며 중심을 잃지 않도록 애써야 한다. 감정이나 행동이 지나친 아이에게 필요한 것은 '마음을 진정시키는 것'임을 잊지 말자. 또 아이를 진정시키기 위해서는 부모 자신이 먼저 평온해지려고 노력해야 한다.

인내심을 갖고 아이의 흥분을 가라앉히자

부정적인 감정에 휩싸여 있고 몸을 가만히 두지 못해 계속 상황을 악화시키는 아이를 달래는 일은 결코 쉽지 않다. 만일 기질 요소들 중 지속성이 지나치게 심한 아이라면 다른 곳으로 주의를 돌리는 방법도 쉽게 먹히지 않는다. 이런 아이는 고집스럽게 자신의 기분과 생각, 욕구에 집착하기 때문에 부모의 말을 귀 기울여 듣지 않을 때가 많다. 하지만 그렇다고 포기해서는 안 된다. 시간이 걸리더라도 꾸준히 아이의 주의를 환기시키고, 과하게 움직이는 아이의 몸을 잡아 신체적 흥분을 가라앉혀야 한다. 대개 걸음마기 시기가 지나면 심한 떼 부림은 감소하지만, 까다로운 기질을 가진 아이들은 유아기 내내 강한 정서와 행동을 보이기도 한다. 이에 대해서는 '걸음마기 지도법'을 참고하자.

내 아이에게 맞는 지도법을 찾자

기질은 쉽게 바뀌는 특성이 아니기 때문에 아이에게 맞는 양육 및 훈육 지도법을 습득해야 한다. 쉽게 흥분하고 공격적으로 반응하는 아이라면 어떤 상황에서 특히 흥분하는지, 아이를 빨리 진정시키는 방법은 무엇인지를 다양한 시행착오를 통해 알아내야 하며, 어떤 훈육법이 효과적인지도 파악해야 한다. 지피지기면 백전백승이라는 말은 정말 대단한 명언이다. 내 아이의 기질과 특성에 딱 맞는 방법을 배우고 그것을 활용할 때 육아는 생각보다 쉽고 재미있는 일이 될 수 있다. 만일 내 아이에게 복잡하고 난해한 면이 있어 쉽게 파악이 되지 않는다면 전문가를 찾아 조언을 구하는 것도 좋은 방법이다.

훈육은 일관되게

훈육을 할 때는 일관성이 무엇보다 중요하다. 아이에게 맞는 훈육법을 찾아냈다면 그 방법을 부모뿐 아니라 아이와 관계있는 사람들과 공유하여 일관성 있게 지도해야 한다. 쉽게 공격적으로 행동하려는 경향성이 있는 아이의 경우, 잠시 한눈을 팔면 다시 자신에게 익숙한 방식으로 소리를 지르거나 주먹을 휘두를 수 있다. 주변 사람들이 함께 일관된 방식으로 아이의 공격적인 행동을 다루자. 그러면 아이는 공격적인 행동을 하면 안 된다는 규칙을 당연하게 여기고 그 규칙을 지킬 가능성이 훨씬 높아진다.

아이와 충분히 놀아주면 좋다

기질적으로 까다로운 아이는 아무래도 기질이 순한 아이에 비해 자주 주변 사람들로부터 지적과 제한을 받는다. 아무리 잘해주려고 해도 쉽게 주먹이 나가고 울며 짜증을 내면 부모는 간섭을 할 수밖에 없다. 또 강압적인 방식이 아니더라도 아이의 행동을 제한해야 하므로 아이 입장에서는 스트레스가 될 수밖에 없다. 이 과정에서 부모와 자녀 사이도 멀어지게 된다. 제한할 때 하더라도 기회가 될 때마다 아이와 놀아주고 함께 즐거운 시간을 갖도록 해야 한다. 부정적인 감정과 경험은 긍정적인 기분과 경험에 의해서만 상쇄될 수 있다. 결국 아이가 부모의 말을 따르고 좋은 사람이 되겠다고 마음먹는 데는 부모와의 관계에서 느끼는 유대감과 긍정적인 대인관계가 큰 영향을 미친다는 것을 잊지 말자.

공격성을 유발하는 선천적 장애

기질 외에도 아이들의 공격성을 유발하는 생물학적 요소들이 있다. 주의력결핍 과잉행동장애, 레쉬니한 증후군, 자폐 스펙트럼 장애는 모두 양육 경험과 그리 상관없는 선천적 장애들이다. 이 장애들 때문에 생기는 충동 조절의 어려움이나 사회성의 결여로 인해 아이들은 공격적인 행동을 하게 될 가능성이 높다. 이 장애들이 있다면 전문가의 도움을 받는 일이 무엇보다 필요하다.

주의력결핍 과잉행동장애ADHD

이 장애의 핵심 증상은 과잉행동, 충동성, 주의력 결핍이다. 부수적인 증상으로는 감정 조절과 대인관계의 어려움, 학습 및 수행 능력의 저하 등이 동반되는 경우가 많다. ADHD의 상당수가 반항성 장애, 청소년 품행장애로 발전한다. 현재까지 ADHD의 정확한 원인은 밝혀지지 않았으나 가족 연관성이 높아서 유전적 요인이 많이 작용하는 질환으로 알려져 있다.

레쉬니한 증후군 Lesch-Nyhan Syndrome

선천성 퓨린대사이상증의 일종으로 고도의 지능장애와 근긴
장도 이상, 그리고 자해 및 공격 증상을 동반하는 희귀 질환
이다. 치아가 나면서 자신의 입술이나 손가락을 깨무는 행동과
함께 다른 사람을 꼬집거나 때리고 언어 폭력을 통해 해를 입
히는 등 강박적인 공격 행동을 나타낸다.

자폐 스펙트럼 장애 Autism Spectrum Disorder

사회적 상호작용과 의사소통에 어려움을 보이며, 흥미나 활동
에서 제한적이고 반복적인 행동 특징을 보이는 발달장애다. 복
합적인 생물학적 요인에 의해 발생하는 것으로 추정된다.

아이의 진짜 원인을 알면 속상하지 않다

◆

CHAPTER 7

좌절감 때문에
제멋대로 구는 아이

"속상해서 그래요!"

뭔가에 대한 좌절감도 공격성의 근원이 된다. 누구나 한 번쯤은 뭔가 마음대로 안 됐을 때 주먹으로 책상을 치거나 종이를 찢거나 욕을 내뱉은 적이 있을 것이다. 어떤 일에 실패했을 때, 목표로 한 것을 이루지 못했을 때, 그리고 누군가의 방해로 목표를 달성하지 못했다고 생각될 때 말이다. 이런 상황에서 느끼는 좌절감은 분노감, 무력감, 우울감과 같은 온갖 부정적인 감정들을 불러일으킨다.

분노감은 타인에 대한 공격을, 무력감과 우울감은 자신에 대한 공격으로 이어지기 쉽다. 상대방을 때리고 욕하고 심지어 죽이는 이유, 혹은 자기 자신을 비판하고 자해하고 자살을 하는 이유의 대부분은 깊은 좌절감에서 비롯된다.

현재 우리나라에서 발생하는 공격성과 관련된 많은 범죄는 좌절에 대한 반응인 경우가 많다. 잊을 만하면 뉴스에 등장하는 보복

운전, 데이트 폭력이 대표적인 예다. 빨리 가야 하는데 옆에서 끼어 드는 자동차나 초보 운전자의 서툰 운전 등은 제시간에 가야 한다는 나의 목표를 방해하는 요인이다. 또한 연인의 이별 통보는 내가 어떤 잘못을 해도 나를 사랑해주고 내 옆에 있어주어야 한다는 목표가 실패했음을 의미한다. 이와 같이 목표 달성이 방해받거나 실패하면 좌절하게 되고, 그 좌절감은 분노의 감정과 공격적인 행동으로 이어 진다. 그래서 미친 듯이 앞차를 추격해 주먹질을 하고 입에 담지 못 할 욕을 하거나, 한때 사랑을 속삭이던 사람을 죽을 만큼 때리고 심 지어 죽이기도 한다.

마음대로 안 될 때 흥분하는 아이, 진정하는 아이

어린아이들도 어른에 비해 정도의 차이는 있지만 좌절로 인한 공격 성을 드러낸다. 자신의 과자를 빼앗아 먹은 친구를 때리고, 기대했던 선물을 받지 못하면 짜증을 내며, 게임에서 지면 발을 구르며 성질 을 낸다.

만족감을 느끼는 아이보다는 좌절감을 느끼는 아이가 더 공격 적이지만, 그렇다고 해서 좌절한 아이가 항상 공격적인 방법으로 행 동하는 것은 아니다. 아이들은 종종 과제가 잘 풀리지 않아 좌절감 을 느끼곤 한다. 이때 어떤 아이는 부르르 떨면서 쥐고 있던 연필을 부러뜨리거나 문제지를 던지고 구기고 심지어 찢어버린다. 하지만 어떤 아이는 한숨을 내쉰 후 자세를 고쳐 앉아 더 열심히 하거나 주변 사람에게 도움을 요청하여 문제를 해결한다. 또 어떤 아이는 과제를 포기하거나 휴식을 취하면서 좌절한 마음을 달래기도 한다. 이런 모습들을 보면 분명 좌절은 사람에게 고통스러운 감정을 주어 공격성을 유발하기도 하지만, 반드시 그런 것도 아님을 알 수 있다.

좌절을 참아내는 능력은 유순한 기질과도 상관이 있지만 언어로 감정과 생각을 표현하고 흥분을 가라앉히는 방법을 연습하면 향상될 수 있다. 보다 긍정적으로 해석하고 반응하는 훈련을 하는 것도 도움이 된다. 타고난 기질적인 특성 때문에 보다 쉽게 좌절감을 느끼는 아이들의 경우에는 좌절을 참아내고 더 건설적인 방법으로 감정을 표현하고 해소하는 연습을 해야 한다.

그냥 재미로 못되게 구는 아이도 있다

좌절감이 공격성을 유발하는 것은 사실이지만 어떤 공격자들은 좌절감이 아닌 아주 즐거운 마음으로 공격성을 행사하기도 한다. 심심풀이로 만만한 아이를 불러다 때리는 일진, 노약자에게 겁을 주며 재미있어 하는 조폭, 자신을 방해하지 않는 초보 운전자나 여성 운전자에게 일부러 시비를 거는 사람들을 예로 들 수 있다. 이들은 이런 공격적인 행동을 할 때 오히려 자존감이 높아지기도 한다.

자신의 힘을 사용해서 상대방을 지배할 수 있다고 생각하는 사람들은 공격적인 충돌이 있을 때 행복감과 같은 긍정적인 감정을 표출한다. 쾌락은 끊기 어려운 강력한 충동이라는 점에서 이들의 공격성은 가장 무시무시하고 고치기 어려운 것이 된다. 아마도 이들은 뇌손상을 입었거나, 어린 시절에 건강하고 정상적인 방식으로는 쾌락을 얻고 자존감을 높일 수 있는 방법을 배우지 못한 불쌍하고 미숙한 사람일 가능성이 높다.

아이가 느끼는 부정적인 감정, 어떻게 하면 좋을까?

상황을 아무리 긍정적으로 보려 해도 살다 보면 억울하고 화나고 좌절할 때가 있기 마련이다. 부정적인 감정이 드는 것은 누구나 경험하는 일이므로 전혀 이상하지 않다. 하지만 이런 감정들을 어떻게 표출하는가에 따라 '정상, 적절' 혹은 '비정상, 부적절'로 나눠지게 된다.

아직 발달이 미숙한 어린아이들이 좌절을 겪을 때 소리치고 울고 발로 차는 것은 충분히 이해할 수 있다. 하지만 만 3세가 지났는데도 여전히 드러눕고 발버둥치며 비명을 지르거나, 물건을 던지고 주변 사람들을 때리는 것은 옳지 않다. 정상적으로 성장하는 아이라면 만 3세 이후에는 분노를 신체적 공격성이 아닌 언어를 통한 자기표현으로 표출하는 것이 가능하다고 보기 때문이다.

만 3세부터 키우는 자기표현력

만 3세 정도가 되면 아이들은 제법 말도 잘하고 자신의 신체를 통제하는 능력도 훨씬 좋아진다. 그렇다고 해서 모든 아이가 좌절했을 때 몸을 버둥대지 않고 언어를 통해 자신의 화난 마음이나 욕구를 표현할 수 있는 것은 아니다. 영어 단어를 알고 동화 내용을 술술 말할 수는 있어도 자기 생각이나 감정을 제대로 표현하지 못하는 아이들도 생각보다 많다. 다시 말하면 언어가 유창한 것이 곧 자기표현력으로 이어지지는 않는다는 뜻이다.

언어 유창성이 말을 잘하는 것이라면, 자기표현력은 자신의 생각, 감정, 욕구 등을 상대방이 알아들을 수 있도록 적절한 단어로써 문장 형식으로 기술하는 능력을 뜻한다. 아이가 자기표현력을 갖추기 위해서는 다양한 감정단어를 알아야 하고, 자신의 감정 상태를 잘 인식해야 한다.

좌절 상황을 극복하는 정서적 유능성

자기표현력과 함께 사회적으로 받아들여지는 방식으로 조절해서 말하고 행동하는 사람을 보고 우리는 '정서 발달이 잘된 사람'이라고 평가한다. 정서 발달이 잘된 사람은 달리 말하면 '정서적 유능성'을 갖춘 사람이라 할 수 있다. 이런 사람은 감정 분화, 인식, 표현과

조절을 잘하기 때문에 화가 났을 때 자신이 어떤 이유로 화가 났는 지를 잘 이해하며, 소리치거나 난리를 피우지 않고도 자신의 감정을 표현할 줄 안다.

이들의 감정 표현 방식은 다른 사람들의 이해와 공감을 불러일 으켜 좀 더 많은 지지와 격려, 도움을 이끌어낸다. 반면에 공격적이 거나 모호한 방식으로 감정을 표현하면 다른 사람들로부터 비난이 나 거절, 무시를 당하기 쉽다. 좌절감을 느끼는 사람에게 필요한 것 은 위로와 지지, 격려일 텐데 오히려 짜증이나 비난 소리를 듣게 되 면 그는 더 큰 좌절감을 느끼게 되어 더욱더 공격적으로 행동하기 쉽다.

따라서 아이가 좌절 상황에서 보이는 부적절하고 공격적인 반 응으로 더 큰 피해와 상처를 입지 않도록 정서적 유능성을 높여주어 야 한다. 이를 위해 가장 먼저 해야 할 일은 다양한 감정단어를 익힐 수 있게 도와주는 것이다. 그 후에 자신과 타인의 감정을 인식하고 자신의 감정을 보다 잘 조절할 수 있는 방법을 알려주면 된다. 이를 위한 구체적인 방법들을 지금부터 하나씩 살펴보도록 하자.

다양한 감정단어 배우기

아이들이 배우는 단어는 기능에 따라 크게 두 가지, 즉 참조어와 표현어로 나눌 수 있다. 참조어는 구체적 사물, 행동, 위치에 관한 것이다. 예를 들면 '사과', '전화기', '컵', '서 있다', '뛴다', '오른쪽', '아래'와 같이 실제로 눈으로 보고 확인하며 습득하는 말로, 배우기에 어렵지 않다. 빨리 학습하는 아기의 경우에는 관심이 있는 사물 명칭은 한두 번만 들어도 말할 수 있다. 이와 달리 표현어는 '기쁘다', '어지럽다', '자랑스럽다', '외롭다'처럼 추상적인 개념과 관련된 단어들로, 주로 정서적 내용, 감정, 사회적 경험에 관한 것이다. 이와 함께 "내 거야!", "싫어!", "내려줘!"와 같은 소유와 부정이나 거절, 목적을 표현하는 단어들도 포함된다.

표현어는 주변에서 상황적 맥락에 따라 알려주지 않으면 습득하기 쉽지 않다. 아이가 모퉁이를 돌다가 사람과 마주쳐서 깜짝 놀라 소리를 지를 때, "갑자기 사람이 나타나서 놀랐구나!"라고 말을 해주지 않으면 아이는 자신이 경험한 순간을 어떤 단어로 표현해야 하는지 알 수 없을 것이다. 또 어지러워서 이제 그만 그네에서 내리고 싶을 때 "그만 탈 거야!"라고 말하는 법을 모르면 아이는 그저 울거나 움직이는 그네에서 뛰어내릴 수 있다. 이처럼 표현어는 좌절한 상황에서 감정과 의사를 드러내는 데 사용된다. 그러므로 부모를 비롯한 주위 어른들은 아이가 언어를 배우는 시기에 참조어뿐 아니라 표현어를 보다 잘 습득하도록 지도해야 한다.

아이가 감정 표현을 익히는 과정

만 2세에서 만 4세 아이들의 언어는 그야말로 폭발적으로 발달한다고 표현해도 과언이 아니다. 그만큼 이 시기의 아이들은 하루가 다르게 놀라운 언어 습득력을 보인다. 하지만 사실 언어의 발달은 태어난 순간부터 이루어지는 것이므로 갓난아기였을 때부터 아이에게 말을 건네고 다양한 방식으로 아이와 의사소통을 하는 것이 매우 중요하다.

생후 1개월에서 3개월 된 아기들도 말이나 미소, 웃음에 반응하며 까르르 소리를 내고, 부모가 유도해주면 말과 비슷한 소리를 내는 등 간단한 의사소통을 하기 시작한다. 생후 6개월부터는 의사소통 기술이 상당히 좋아지면서 다양한 얼굴 표정을 통해 자신의 감정을 드러낸다. 엄마와 장난을 칠 때는 즐거운 표정을 짓고, 실망했을 때는 울고, 귀찮을 때는 눈을 피하며 고개를 돌리고, 겁을 먹었을 때는 눈썹을 찌푸리고 굳은 표정으로 조심스러움을 표현한다. 아직 어린 아기는 말을 하진 못하지만 부모는 아기의 얼굴 표정을 보고 아기의 감정에 대한 힌트를 더 많이 얻을 수 있다.

그렇다면 이때부터 본격적으로 부모는 단어와 몸짓을 통해 아기에게 상황에 맞는 표현을 해주고 아기가 느끼는 감정을 명명해주는 일을 시작해야 한다. 집에 처음 놀러 온 아빠 친구를 보고 아기가 놀라서 운다면 이렇게 상황을 설명해주자.

"아저씨를 처음 봐서 무서웠어? 그래서 울었구나. 아빠 친구란다. 우리 아기는 아빠를 좋아하지? 이 아저씨도 아빠처럼 좋은 사람이야. 엄마가 안아줄게. 아저씨에게 가서 인사하자."

아기가 처한 상황을 설명해주고 아기가 느끼는 감정을 적절한 감정단어로 표현해주는 것이다. 이와 동시에 아기에게 사회적 상황을 어떻게 해석하고 반응해야 할지도 알려주는 기회가 된다.

아이와 대화할 때는 표현을 풍부하게

부모가 사물의 명칭과 같은 참조어뿐 아니라 다양한 표현어를 자주 사용해주면 아이는 자연스럽게 감정단어를 배우며 그 단어를 통해 자신과 타인의 감정을 보다 잘 이해하고 조절할 수 있다.

언어가 발달하는 어린 시기부터 감정단어에 많이 노출시켜주면 더할 나위 없이 좋다. 그런데 만약 그러지 못했다면 지금부터라도 아이와 대화할 때 좀 더 풍부한 언어 표현을 사용하도록 노력해보자. 아이가 성장할수록 부모는 감정단어를 좀 더 깊이 있게 사용할 필요가 있다. '화난다', '짜증난다', '속상하다', '기쁘다', '행복하다', '즐겁다', '슬프다'와 같은 기본적인 감정단어 외에도 '억울하다', '당황스럽다', '혼란스럽다', '실망스럽다', '죄책감이 든다', '수치스럽다' 등 다양한 감정단어들을 사용해보는 것이다.

다양한 감정단어들

걱정되다	곤란하다	괴롭다	괘씸하다	귀찮다
난처하다	답답하다	두렵다	불쌍하다	아프다
궁금하다	떨린다	간절하다	감동적이다	감사하다
고맙다	기쁘다	놀랍다	막막하다	못마땅하다
무섭다	창피하다	분하다	불만스럽다	불쾌하다
불편하다	당황스럽다	미안하다	든든하다	초조하다
만족스럽다	믿음직스럽다	반갑다	벅차다	부럽다
긴장된다	서럽다	서운하다	섭섭하다	속상하다
슬프다	실망스럽다	얄밉다	약 오르다	뿌듯하다
민망하다	부끄럽다	사랑스럽다	상쾌하다	설렌다
시원하다	신나다	안심되다	어색하다	어이없다
억울하다	외롭다	우울하다	원망스럽다	원통하다
조급하다	다행스럽다	샘나다	안타깝다	애처롭다
유쾌하다	자랑스럽다	재미있다	즐겁다	짜릿하다

지루하다	짜증난다	허무하다	허전하다	혼란스럽다
화나다	힘들다	흥분되다	측은하다	후회스럽다
통쾌하다	행복하다	홀가분하다	후련하다	흐뭇하다
흡족하다	죄스럽다	어찌할 바를 모르겠다	쓸쓸하다	지친다
당당하다	뽐낸다	의심스럽다	흐뭇하다	거북하다
연약하다	용기 있다	기가 죽다	메스껍다	무관심하다
상처 입다	낙담하다	의기소침하다	진지하다	침울하다
어리둥절하다	후회된다	절망적이다	무시하다	심심하다

아이의 진짜 원인을 알면 속상하지 않다

아이 스스로 자기 감정을 인식하려면

아이들에게 감정단어를 사용할 때 부모가 자연스럽게 아이가 처한 상황적 맥락을 관찰하여 아이가 느낄 것이라고 짐작되는 감정을 명명해주면 좋다. 부모가 이렇게 해주면 그 자체로 아이가 스스로 자기 감정을 인식할 수 있는 기회가 되기 때문이다.

엄마에게 놀아달라고 했는데 동생이 젖을 다 먹을 때까지 기다리라는 말을 들은 아이는 그 순간 자신의 놀이 요구가 거절당한 것에 대한 좌절 반응으로 "동생 미워!"라고 소리를 지른다. 이때 아이는 동생에 대해 적대감을 표현했지만, 엄밀하게 따져보면 이때 아이가 느낀 진짜 감정은 '엄마가 나와 놀아주지 않아 속상해요!' 혹은 '기다리는 건 지루하고 힘들어요!'일 것이다. 하지만 아직 어린 아이는 자신의 감정을 동생에게 투사해서 동생에게 화를 전가하는 것으로 감정을 나타낸다.

만일 이럴 때 엄마가 "동생이 왜 미워? 네 동생인데. 동생을 예뻐해야지!"라고 말한다면 아마 아이는 누워 있는 동생에게 달려가 머리를 쥐어박을지도 모른다. 엄마의 이런 반응은 아이의 공격성을 자극하고 동생에 대한 미움을 가중시키며, 자신의 부정적인 감정을 남 탓으로 돌리는 아이의 미숙한 정서 발달에 일조하는 것이다. 대신 이렇게 말해보면 어떨까?

"지금 당장 놀고 싶은데, 엄마가 기다리라고 해서 짜증이 났구나. 잠시 후면 엄마가 아기한테 젖을 다 먹이고 너와 놀아줄 거야. 그동안 너는 엄마하고 뭘 하고 놀지 생각하고 필요한 것을 준비해두렴. 미리 준비해두면 엄마와 더 많이 놀 수 있으니까."

이 말을 들은 아이는 자신의 감정을 정확히 이해한 뒤, 동생에 대한 부정적인 관심을 거두고 엄마를 기다리는 동안 자신이 무엇을 하면 좋을지에 초점을 맞추게 된다. 이처럼 자신의 감정을 정확히 인식하면 감정을 조절하는 능력도 키울 수 있다.

지금 부모에게 필요한 건 관찰력

아이가 자신의 감정을 잘 인식하게 하려면 부모의 민감한 관찰이 중요하다. 아이가 표현하는 말의 내용뿐 아니라 목소리 톤, 얼굴 표정, 몸짓 등과 같은 비언어적인 측면, 그리고 상황적 맥락까지 모두 고려해보자. 그런 다음 그렇게 관찰한 것을 토대로 현재 아이가 어떤

아이의 진짜 원인을 알면 속상하지 않다

감정, 욕구, 의도를 갖고 있는지 최대한 정확하게 파악하려고 애써야 한다.

건성으로 보거나 대충 들어서는 아이의 마음을 추리할 수 없다. 하지만 아무리 민감한 부모라고 해도 아이의 마음을 완벽하게 알아낼 수는 없다. 그러므로 부모 자신이 해석한 아이의 감정이나 생각을 표현해줄 때 지나치게 확신에 찬 어조로 단정 지어 말하는 것은 피해야 한다. "~하지!", "~하네"라고 말하는 것보다 "~하는 것 같구나", "~처럼 보이는구나", "내 생각에는 ~하는 것처럼 생각되는구나"처럼 추측형 어미를 사용하는 것이 좋다.

아이와 싸울 필요는 없다

좀 더 큰 아이들의 경우에는 부모가 자신의 마음을 읽어줄 때 "아니거든요!", "화 안 났단 말이야!"라며 강하게 반발하기도 한다. 이때 굳이 "아닌데? 진짜 화난 것 같은데?", "정말? 화 안 났다고?"와 같이 반응할 필요는 없다. 아이가 감정을 인식하는 것을 도우려다 아이와 싸울 필요는 없기 때문이다. 이때는 가볍게 "그렇구나!" 정도로만 응수해주면 된다. 그리고 앞으로 꾸준히 아이의 마음을 헤아리고 표현해주는 일에 더욱 분발해야 한다. "강한 부정은 긍정이다"라는 말처럼 부모가 자신의 감정을 읽어주었을 때 강하게 부정하는 아이는 감정을 드러내고 표현하는 일에 매우 미숙할 수 있기 때문이다. 천천히, 그리고 인내심 있게 '감정과 관련된 것들'에 친숙해질 기회를 제공해주면 아이도 자신의 정서를 받아들이고 표현하는 일에 편안함을 느끼게 된다.

아이의 감정에 공감할 수 없다면

아이가 보이는 감정에 공감할 수 없을 때 부모는 아이의 감정을 읽어주는 일에 어려움을 느끼기도 한다. 부모가 볼 때 지금 아이가 표현하는 감정이 불합리하게 느껴지고 이해가 되지 않는다면, 아이의 감정을 읽어주기보다는 달래거나 반박하는 말을 해주고 싶다는 유혹을 강하게 느끼게 된다.

어느 오후, 숙제를 해야 할 시간이 되어 엄마가 "영민아, 이제 숙제를 해야 할 시간이 되었단다. 숙제를 시작하렴!" 하고 말한다. 그랬더니 영민이가 씩씩거리며 "맨날 숙제, 숙제. 숙제 얘기밖에 안 해! 엄마는 숙제밖에 몰라! 엄마 미워!"라고 말한다. 이런 상황에서 부모들은 다음의 반응을 보일 것이다.

- 설교 : "영민아, 엄마가 '미워'라는 말은 하지 말라고 했지. 그 말은 나쁜 말이야!"
- 합리화 : "엄마는 영민이가 수학 잘하라고 그러는 거야. 네가 미워서 그러겠어? 숙제는 해야 하는 거야. 그래야 공부도 잘하고 똑똑해지지."

- 부정 : "영민이가 얼마나 착한 아이인데……. 영민이는 엄마를 미워하지 않아!"
- 무시 : "뭐해? 빨리 책상 앞에 앉지 않고!"

이 반응들은 모두 영민이의 관점과 감정을 이해하지 못한 것이다. 영민이는 앞으로 엄마에게 자신의 감정을 표현하려고 하지 않을 것이다. 게다가 이런 반응들은 영민이가 엄마에 대해 더욱더 방어적으로 혹은 반항적으로 행동하거나, 진짜 자신의 감정을 알리기 위해 과격한 행동을 하는 계기가 될 수도 있다. 이렇게 되면 영민이는 자신의 감정을 제대로 이해하지 못하고 부정적인 감정을 다루는 방법도 배우지 못할 것이다. 부모는 오히려 이런 식으로 말해주려고 노력해야 한다.

"숙제를 해야 한다고 생각하니 마음이 답답해지는구나."
"숙제를 해야 할 시간이 벌써 다가와서 짜증이 났구나."
"엄마가 자꾸 숙제하라고 재촉하는 것 같아서 싫었구나."
"숙제를 매일 해야 하는 것이 부당하게 느껴지나 보구나."

이렇게 말했는데도 아이가 숙제를 하지 않거나, 오히려 부모의 이런 '마음 읽기'를 숙제를 하지 않아도 혼나지 않는 것으로 생각할까 봐 걱정하는 부모들도 있을 것이다. 물론 그럴 수도 있다. 하지만 아이의 감정을 읽어주고 공감해주는 것이 결코 아이 마음대로 하게 한다는 뜻은 아니다. 아이도 규칙이 정해졌으면 그 규칙을 따라야 한다. 다만 아이가 규칙을 지키고 싶지 않아 할 때 그 자체를 비난하거나, 감정적으로나 신체적으로 처벌하지는 말아야 한다. 아이가 규칙을 어길 때 대처하는 방법은 9장을 참고하기 바란다.

타인의 감정도 인식할 수 있도록

감정을 인식하는 일에는 자신의 감정을 인식하는 일과 더불어 타인의 감정을 인식하는 일도 포함된다. 타인의 감정을 인식하려면 타인 조망수용 능력(상대방의 입장에서 판단하고 이해하는 능력)과 공감 능력을 갖춰야 한다. 즉 상대방의 입장에서 상황을 보고 그 사람의 기분을 이해할 수 있어야 한다. 이런 능력이 있으면 사회정서적 상황을 객관적으로 파악할 수 있어 불필요한 갈등에 휘말리거나 오해 때문에 괴로워하는 일도 없을 것이다.

하지만 타인의 감정을 인식하는 것은 자신의 감정을 이해하는 것보다 한층 어려운 일이다. 내 마음도 잘 모르는데 다른 사람의 마음까지 헤아리기란 결코 쉽지 않다. 특히 만 3세 이전의 유아가 타인의 감정을 정확히 해석하는 것은 꽤 힘든 일이다. 어린아이들은 사회적 경험도 부족한 데다 어휘력에도 한계가 있기 때문이다. 하지만 만 3세 이후부터는 빠른 속도로 타인의 감정을 이해하는 능력이 발달한다. 만일 주변에 사회정서적 상황에 대해서 말해주는 어른이 있다면 아이의 정서적 성숙을 앞당길 수 있다.

만 3세에서 만 6세 때는 감정을 오해하기 쉽다

만 3세에서 만 6세 사이의 유아들은 다른 사람들이 느끼는 긍정적인 감정과 부정적인 감정을 꽤 잘 파악한다. 하지만 다른 사람의 정서를 파악할 때 얼굴 표정과 목소리 톤에 의존하는 경향이 많다. 상황적 맥락보다는 그 순간 그 사람이 보이는 얼굴 표정과 목소리에 영향을 많이 받기 때문에 아이들의 해석에는 오류가 많다.

매운 양파를 썰고 눈물을 흘리는 엄마를 보면 유아는 '슬퍼서 운다'고 판단할 수 있다. 또 치통 때문에 얼굴을 찌푸리는 아빠가 거실 바닥에 널브러진 장난감을 쳐다보고 있으면 '내가 장난감을 치우지 않아서 아빠가 화를 낸다'고 해석할 수 있다. 이렇게 잘못 해석한 아이는 엄마에게 매달리며 "엄마, 울지 마!"라며 불안해하고, "아빠, 미워! 나 더 놀 거란 말이야!"라며 도리어 화내기도 한다. 이럴 때 '쟤가 왜 저럴까?', '왜 오버하고 난리야?'라고 생각하진 말자. 아이가 상황의 전체 맥락을 보지 못하고 한 장면만 보고 판단한 것임을 이해하고, 아이에게 보다 정확하게 상황을 설명하며 그 상황에 맞는 감정 표현을 해주도록 하자.

"엄마가 눈물을 흘리니까 슬퍼서 우는 것으로 생각했구나. 지금 엄마는 슬프지 않아! 양파를 썰었더니 눈물이 난 거야. 양파가 맵거든. 매운 것을 썰거나 먹으면 눈물이 난단다!"

"네가 장난감을 치우지 않아서 아빠가 화가 났다고 생각했구나.

더 놀아도 된단다. 아빠가 인상을 찌푸린 건 이가 아파서 그렇단다. 너한테 화가 난 게 아니야."

만 6세가 넘으면 이해의 폭이 커진다

만 6세 이상이 되면 아이들은 정서를 이해하고 해석하기 위해 신체적, 상황적, 역사적 정보를 조합하는 능력이 발달한다. 이때 어려서부터 부모를 통해 감정을 이해하고 인식하는 경험을 한 아이들은 더욱더 성숙한 정서 발달을 이룬다. 이를 통해 아이는 슬플 때만이 아니라 눈이 매워도, 너무 기뻐도, 몸이 아파도 눈물이 날 수 있으며, 눈물을 흘려서 슬픈 것이 아니라 강아지를 잃어버려서, 아끼던 장난감이 망가져서 슬픈 것임을 알게 된다. 또 잃어버린 강아지를 되찾거나 장난감을 고치면 다시 행복해질 수 있다는 것도 안다.

좀 더 나이가 들면 아이는 똑같은 사건이라도 사람들마다 다르게 생각하고, 따라서 각자 다르게 반응한다는 것도 알게 된다. 슬플 때 사람들과 어울려 수다를 떨면 기분이 좋아지는 사람이 있는 반면, 혼자만의 시간을 필요로 하는 사람도 있다고 이해하는 것이다. 이런 이해력이 갖추어지면 피곤해서 놀이를 거절하는 친구 때문에 화가 나지 않으며, 할머니가 병원에 입원해서 약속한 놀이공원에 갈 수 없다는 부모의 말도 잘 받아들이게 된다.

감정을 제대로 인식하기 위해서는 이처럼 어느 정도의 인지적 성숙이 뒷받침되어야 한다. 상황 속 단서를 알아채고 그것의 의미를 추리하는 것은 인지 능력과 상관이 있으며, 두 가지 이상을 조합해서 추리하는 능력은 대개 만 6세 이상이 되어야 발달한다. 그래서 미취학 유아들은 타인의 정서를 인식하는 일에 취약할 수밖에 없다.

이런 어린아이들에게 주변 어른들의 역할은 매우 중요하다. 어른들은 평소에 아이에게 정서를 나타내는 구체적인 신호를 가르쳐주거나 아이가 스스로 알아차릴 수 있도록, 그리고 상황의 어떤 특성이 감정을 유발하는지 알 수 있도록 지도해야 한다. 아이가 파악하지 못하거나 놓친 단서들이 있다면 그것을 찾아주고 상황을 보다 객관적이고 합리적으로 파악할 수 있게 도와주면 좋다. 이를 통해 아이가 잘못된 반응의 결과로 피해를 보지 않도록 해야 한다. 어른의 도움으로 아이는 사회적 상황에서 긍정적인 경험을 잘 쌓아나가게 될 것이다.

과거의 경험이 중요하다

타인의 정서를 해석하는 일에는 과거의 경험이 중요한 역할을 한다. 상황을 잘못 판단해서 화를 내면 당한 사람들도 기분이 나빠져서 같이 화를 내게 된다. 절대로 비웃은 게 아닌데 "왜 나를 보고 기분 나쁘게 웃냐?"라는 말을 들으면 "아니, 내가 언제 그랬어! 거참 이상한 사람이네!"라고 기분 나쁜 표정으로 대꾸할 것이다. 이 모습을 본 사람은 또다시 "지금도 화를 내고 있잖아!", "아니, 뭐라고? 내가 이상한 사람이라고? 나를 언제 봤다고 막말이야!"라며 성질을 낼 것이다. 이와 같은 경험을 하게 되면 앞으로 다른 사람이 자신을 보고 살짝 미소만 지어도 '비웃는다'고 확신할 수 있다.

과거의 경험은 현재의 사건을 해석하는 데 매우 지대한 영향을 미친다. 그러므로 아이가 대인관계에서 너무 부정적인 경험을 쌓지 않도록 해야 한다. 한창 자라는 아이의 하루하루는 아이의 미래 삶에 영향을 미치는 경험이 되므로 이왕이면 아이가 보다 긍정적인 사회정서적 경험을 하도록 도와주자.

아이가 스스로 감정을 인식하고 타인의 정서를 이해하도록 돕기 위해 부모가 아이와 타인의 감정을 읽어줄 때는 부정적인 감정뿐 아니라 긍정적인 감정도 포함시켜야 한다. 만일 부모가 아이나 타인이 보이는 극단적인 정서와 부정적인 정서에만 초점을 두어 반응하면 아이는 그런 감정들만 가치 있거나 주목해야 하는 것이라고 착각하기 쉽다. 부모가 모든 종류의 감정을 인정하고 이해해주면 아이는 감정을 보다 폭넓은 관점으로 바라보게 될 것이다.

독서활동 등을 통한 감정 공부

일상생활에서 아이와 주변 사람들이 보이는 다양한 감정들에 대해 좀 더 민감하게 반응해주는 것과 더불어, 때로는 계획을 세워 감정

아이의 진짜 원인을 알면 속상하지 않다

단어와 감정 인식을 배우기 위한 활동을 아이에게 제공해주는 것도 좋다.

요즘 부모들은 아이들의 독서 활동에 관심이 많다. 아이들이 책을 접할 기회를 많이 주려고 노력하며 함께 책을 읽거나 독서 활동에 참여하는 부모들도 많다. 독서 활동을 할 때 정서가 잘 드러난 책을 부모와 아이가 함께 읽으면 정말 좋다. 책 속의 등장인물이 경험한 감정들을 함께 살펴보고, 아이는 어떤 감정들을 발견했는지, 특정 상황에서 주인공이 느낀 감정은 무엇인지 등등 감정과 정서에 관한 대화를 나눠볼 수 있다. 책뿐 아니라 노래, 애니메이션 등도 아이의 감정 인식과 성장을 돕는 소중한 자료가 된다.

아이의 감정 읽어주기 연습

1. 민지는 엄마와 길을 가다가 갑자기 앞에 커다란 개가 나타
   나자 엄마 뒤에 숨으며 "안 갈래"라고 속삭인다.

   민지의 감정은 무엇일까? _____
   민지에게 어떻게 말해주면 좋을까? _____
   _____

2. 지훈이는 아빠와의 게임에서 지고 나서 씩씩대며 "한 판 더
   해!"라고 소리 지른다.

   지훈이의 감정은 무엇일까? _____
   지훈이에게 어떻게 말해주면 좋을까? _____
   _____

3. 수현이가 만들어놓은 블록 성을 현성이가 뛰어가다 넘어뜨
   렸다. 수현이가 현성이를 노려보며 "이 바보야!"라고 외친다.

   수현이의 감정은 무엇일까? _____
   수현이에게 어떻게 말해주면 좋을까? _____
   _____

우리 아이를 위한 감정 표현법

부모는 아이의 감정을 알아주고 반영해줌으로써 아이가 자신의 감정을 인식하도록 도와야 한다. 이와 함께 아이가 자신의 감정을 이야기하고 '사회적으로 수용되는 방식', 즉 사람들이 불쾌해하지 않고 잘 받아들일 수 있는 방법으로 표현하도록 도와야 한다. 사회적으로 수용되는 방식으로 감정을 표현하는 가장 좋은 방법은 바로 '적절한 감정단어'를 사용해 '말하는' 것이다.

아이가 자신의 감정을 말로 표현하는 법을 배우면 화가 나더라도 때리거나 부수는 등 신체적으로 공격하는 일이 줄어든다. "나 화났어!"라고 말로 표현할 수 있는 아이는 자신의 기분을 알리기 위해 남을 떠밀거나 때릴 필요가 없기 때문이다. 이렇게 말로 표현하니 다른 사람도 아이의 마음을 보다 잘 이해할 수 있어 화난 아이의 마음을 달래주거나 필요한 지원을 제공해주려고 애쓰게 된다. 아이는 화가 났다고 물건을 던지거나 사람을 때릴 때는 야단을 맞지만 솔직하게 자기 기분을 표현할 때는 위로를 받는 것이다. 이 과정에서 자신의 감정을 타인과 나누며 서로 한층 친밀해지기도 한다. 감정을 알리고 나누는 일은 긍정적인 대인관계를 위해 꼭 필요한 기술이다. 언어를 통한 자기표현은 사회성 발달에도 도움이 된다.

자기표현을 하지 못해 답답해하는 아이에게

감정을 이해하고 인식할 수 있게 되면서 아이들의 감정 조절 능력은 향상된다. 하지만 아직은 성인에 비해 어휘력과 상황 전체를 살피는 능력이 부족하므로 자신이 느끼고 생각한 것을 똑 부러지게 말로 표현하지 못해 답답할 때가 많다. 만일 감정이 자극되는 상황에서 아이가 제대로 자기표현을 하지 못하고 있다면 부모가 옆에서 그 상황에 적합한 말을 제시해주거나 표현하는 것을 도와주어야 한다.

예를 들어, 지수가 그림을 아직 마치지 못했는데 영수가 색연필통을 가져간다. 그걸 본 지수가 영수를 보며 "야! 야!"라고 소리친다. 이 상황에서 지수는 상황에 적합한 표현이 얼른 생각나지 않는 것이다. 이때 부모는 다음과 같은 말로 이 상황에 맞는 표현법에 대해 시범을 보이거나 아이가 스스로 생각해보도록 도와줄 수 있다.

"지수야, 영수에게 말해보렴! '영수야, 나 색연필을 더 써야 해! 아직 그림 그리기가 끝나지 않았어!'라고 말이야."

"지수야, 영수가 네 마음을 알 수 있도록 '영수야, 네가 색연필을 빼앗아 가면 내 기분이 나빠!'라고 말해주렴!"

"지수야, 영수 때문에 화가 났구나! 네가 어떤 말을 하면 영수가 너의 기분을 알 수 있을까?"

화를 '몸'으로 표현하고 싶은 아이에게

감정을 잘 조절한다는 것이 늘 언어로 감정을 표현하는 것만을 의미하는 것은 아니다. 말로 표현했다고 해서 모든 감정이 다 편안해지는 것도 아니다. 어떤 감정들은 매우 강렬하여 신체적인 배출을 필요로 하기도 한다.

정성 들여 만든 블록이 한순간의 실수로 무너졌을 때 아이가 "열심히 만든 블록이 망가져서 너무 속상해요!"라고 말했어도 그 허망함과 분노감은 좀처럼 해소되지 않을 수 있다. 자신의 실수로 일어난 일이라 남 탓도 할 수 없으니 더욱더 화가 나고 예민해진다. 이런 상태에서는 누가 조금이라도 신경에 거슬리는 행동을 하면 날카롭게 반응한다. 이때 "뭘 잘했다고 난리야?", "네가 잘못해놓고 왜 신경질을 내니?"와 같은 부모의 잔소리는 아이를 진정시키는 데 도움이 되기는커녕 아이의 마음속에 숨어 있던 공격성만 부추길 뿐이다. 이때는 아이의 감정을 찬찬히 읽어주고 공감해주면서 아이의 마음속에 가득 찬 부정적인 감정을 해소할 통로를 만들어주는 것이 좋다.

주먹을 꽉 쥔 채 부르르 떠는 아이에게 주먹으로 내리쳐도 될 쿠션이나 봉제인형을 준다면 아무 잘못도 없는 동생이 맞는 일은 없을 것이다.

"아휴, 한 시간이나 걸려서 정성껏 만들었는데 일어서다가 다리에 부딪혀서 무너져버렸구나. 저런, 얼마나 속상할까! 너무 화가 나서 블록을 부숴버리고 싶은가 보다. 근데 그러면 네 손도 다치고 블록도 못 쓰게 될까 봐 걱정이 되네. 너무 화가 나서 뭔가를 때리고 싶다면 이것을 치렴(쿠션을 내밀며)! 몇 번 치면 마음이 조금은 풀릴 거야!"

분노와 같은 강렬한 감정은 우리의 생리적 반응에도 영향을 미친다. 그래서 화가 나면 심장박동이 빨라지고 혈액순환도 활발해져서 주먹이나 발끝에 힘이 들어가 자신도 모르게 주먹을 불끈 쥐고 발길질을 하게 된다. 주먹이나 발길질이 향해서는 안 될 대상을 향하면 곤란한 일들이 생기기 마련이다. 이럴 때 쿠션을 치거나 샌드백이나 북을 치는 것 등은 아무도 다치게 하지 않으면서 안전한 방식으로 감정을 발산하고 정화시키는 좋은 방법이다.

아이들이 소리치고 때리고 욕하고 던지는 행동을 하는 것은 부정적인 감정을 잘 다스리지 못해 생긴 결과다. 아이들이 화와 같은 부정적인 감정을 안전하게 배출하고 다스리는 방법을 익힌다면 부모가 걱정하는 행동들을 자연스레 덜 하게 된다.

집에서 아이가
부정적인 감정을 푸는 방법

부정적인 감정을 안전하게 발산하고 정화시키기 위해 가정에서 사용해볼 수 있는 방법들은 다양하다. 이런 활동을 아이에게 소개할 때는 '화를 내는 것은 괜찮지만 타인의 권리를 침해하거나 사물을 파괴하는 공격적인 방식으로는 안 된다'는 메시지를 분명히 전해야 한다. 또 활동이 끝난 후에는 아이가 자신의 감정을 보다 분명히 이해하도록 지도해야 한다.

① 신문지 격파

신문지 몇 장을 겹쳐놓은 후, 부모가 신문지 양쪽 끝을 팽팽히 펴서 잡고 아이가 주먹으로 격파한다. 이때 "하나, 둘, 셋!"이나 "준비, 시작!"과 같은 구령에 맞춰 격파할 수 있도록 지도한다. 이렇게 구령에 맞추는 것 자체가 자기조절의 시작이다. 신문지 격파가 단순한 감정

발산으로 그치지 않게 하려면 신문지를 격파하면서 속상한 마음을 감정단어를 활용해 외친다. "내가 만든 블록이 망가져서 속상해!" 이런 과정을 통해 적절한 방식의 말과 행동으로 부정적인 감정을 해소하는 법을 배울 수 있다.

② 상자 격파
구두상자나 종이로 만든 벽돌 블록들이 여러 개 있다면 그것들을 쌓아놓고 자신이 화가 난 이유를 말하면서 주먹이나 발로 격파한다.

③ 다트 던지기
집에 다트 판이 있다면 속상한 일들과 관련된 그림을 그리거나 글을 써서 다트 판에 붙인 후 화살로 맞춘다.

④ 풍선 터트리기
풍선에 사인펜이나 매직으로 화나거나 속상한 일들을 적어놓고 엉덩이나 가슴을 이용해 터트린다.

⑤ 미친 피아니스트
피아노를 칠 수 있는 아이라면 자신의 화나고 속상한 마음을 격정적인 피아노 연주로 표현해볼 수 있다.

⑥ 불타오르는 무용가

빠른 템포의 음악을 틀고 자신의 감정을 춤동작으로 표현해본다. 몸으로 충분히 에너지를 발산한 후 그 춤에 이름을 붙여보는 것으로 감정을 인식하고 표현할 수 있다.

⑦ 낙서하기

커다란 종이를 바닥에 깔고 마구 낙서해본다. 종이에 자신을 화나게 한 상대나 상황을 그리거나 적고 그 위에 낙서를 하며 감정을 해소한다.

⑧ 종이 찢기

화난 마음을 종이에 그림이나 글로 표현한 후 찢어버린다. 찢어진 종이 조각들을 눈처럼 흩날릴 수도 있고, 그것들을 뭉쳐서 공처럼 만든 후 축구놀이를 할 수도 있다. 다 끝나면 휴지통에 던져 넣어 마무리한다.

이처럼 부정적인 감정을 다른 활동으로 바꾸어 표현하게 하는 것은 아이의 감정을 진정시키는 데는 매우 좋다. 하지만 아이가 분노하게 된 실제 원인을 해결하는 방법을 지도해주지 못하면, 아이는 자신의 강한 감정을 해소하기 위해 점점 더 자극적인 것을 추구할 수 있다. 이렇게 되면 부모가 제시해준 '안전한 대상'을 뛰어넘어 지나가는 어린아이, 애완동물, 곤충 등을 괴롭히는 방식으로 감정을 표출할 수도 있다. 그러므로 부모는 아이가 안전한 울타리 안에서 감정을 정화시킨 후, 문제에 건설적으로 직면하는 방법이나 앞으로 발생할 문제를 예방하는 방법을 배우고 익히는 과정을 반드시 알려주어야 한다.

앞의 활동들을 통해 어느 정도 아이의 감정이 가라앉으면 강렬한 감정을 느꼈던 그 상황에 대해 이야기를 나누며 아이가 스스로 감정을 인식하도록 도와주자(예 : "열심히 만든 블록이 무너져서 안타까운 마음에 화가 크게 났었지?"). 그리고 앞으로 그런 불쾌한 상황이 발생하지 않기 위해 해볼 수 있는 일들(예 : "아까 블록을 만들던 곳이 너무 좁아서 조금만 움직여도 부딪힐 수 있었던 것 같아. 다음엔 좀 더 넓은 거실에서 만드는 게 좋겠네"), 혹은 그 당시 아이가 놓쳤을지도 모르는 긍정적인 요소들(예 : "그래도 정말 다행이야. 만일 네가 블록 쪽이 아닌 식탁 옆으로 넘어졌다면 크게 다쳤을 수도 있었거든!")에 대해 생각해보는 시간을 주면 좋다.

아이 스스로 화난 감정을 다스리는 시간

화난 감정을 추스르고 진정시키는 것은 성인에게도 쉽지 않은 일이다. 하물며 자신의 감정을 인식하고 표현하는 데 아직 서툰 아이들에게는 더더욱 어려운 일이다. 아이가 부정적인 감정에 오래 머물지 않고 건강한 정서를 유지하길 바란다면 부모는 다음과 같은 몇 가지 방법을 알려줄 수 있다. 아이가 혼자서도 마음을 잘 다스릴 수 있도록 평소 곁에서 찬찬히 가르쳐주자.

심호흡하기

감정을 진정시키고 문제해결을 위한 합리적인 사고를 하기 위해 필요한 것은 안정된 호흡과 맥박이다. 그래서 화가 났을 때 하면 가장 좋은 것이 바로 심호흡이다.

제대로 된 방식으로 심호흡을 5~6회만 하면 우리는 평안을 되찾을 수 있다. 숨을 크게 들이마시고 천천히 내뱉는 심호흡은 우리 몸의 세포 곳곳에 산소를 공급해 심신을 안정시키는 효과를 발휘한다. 호흡과 맥박이 안정되고 근육이 이완되면 조금 전까지 느꼈던 긴장감은 사라지고 이성적이고 합리적으로 생각할 수 있는 정신적 공간이 생긴다. 만일 우리가 아이들에게 심호흡을 하는 방법과 언제 심호흡을 해야 하는지를 알려준다면 화내고 불안해하던 아이의 모습은 눈에 띄게 줄어들 것이다.

그런데 아이들에게 심호흡을 해보라고 하면 많은 아이들이 입만 크게 벌리고 헉헉대기만 한다. 아이들에게 심호흡이나 복식호흡은 막막한 개념일 뿐이다. 아이들이 짧고 급한 호흡을 심호흡이라고 착각하면 더 나쁜 결과가 초래된다. 급하고 밭은 호흡은 과호흡 상태를 유발해 오히려 더 큰 불안을 만들 뿐이다.

그렇다면 어떻게 어린아이들에게 심호흡을 효과적으로 가르칠 수 있을까? 아이들이 즐겁게 하는 '비눗방울 불기'에 심호흡의 원리가 숨어 있다. 비눗방울을 크게 만들려면 숨을 크게 들이마신 후 천천히 숨을 내쉬어야 한다. 급하게 내쉬면 방울이 아예 만들어지지 않거나 작은 방울들만 나온다.

아이와 비눗방울 놀이를 하면서 커다란 비눗방울을 만드는 법을 알려주고 심호흡을 연습시킬 수 있다. 처음에는 직접 빨대에 비눗물을 묻혀 비눗방울을 만들다가 이 방법이 익숙해지면 빨대 없이 비눗방울을 분다고 상상하며 심호흡을 해보게 한다. 화가 났거나 불안할 때 심호흡을 하면 마음이 빨리 편안해질 수 있음을 알려주고, 이제 심호흡을 하는 방법을 배웠으니 필요할 때 사용해보라고 아이를 격려해주자.

물론 아이들은 그 순간에는 알겠다고 대답하지만 막상 필요한 순간에는 잊어버리고 사용하지 못하는 경우가 대부분이다. 아이가 화났을 때 부모가 화나고 속상한 감정을 헤아려주면서 이런 순간이 심호흡을 사용해보면 좋을 때임을 상기시켜준다. 아이가 부모의 제안을 받아들여 심호흡을 하면 흔쾌히 제안을 받아들인 아이를 칭찬해주고 심호흡의 효과에 대해서도 아이와 이야기를 나누며 격려해준다.

명상과 근육 이완법

심호흡과 함께 명상과 근육 이완법을 사용하면 더욱 좋다. 명상과 근육 이완법은 아이의 긴장된 감정과 이로 인해 힘이 잔뜩 들어간 근육을 풀어주는 데 효과적이다. 몸이 말랑말랑하고 편안해진 상태에서 물건을 던지거나 친구를 때리는 아이는 매우 드물다. 대부분의 거친 행동들은 좌절감과 적대감 같은 부정적인 감정을 동반하는 것으로, 이런 부정적인 감정은 교감신경을 활성화시켜 지나치게 긴장된 상태와 높은 각성 수준을 만든다. 만일 좀 더 이완되고 각성 수준이 낮아진다면 더 합리적으로 생각하고 판단할 것이고, 공격적인 방식보다 효과적이고 사회적으로 수용 가능한 방식으로 문제를 해결하게 될 것이다.

명상과 근육 이완법은 부정적인 감정에 휩싸여 흥분해 있는 아이를 편안하게 해주는 것은 물론, 불안감을 심하게 느끼는 아이에게도 큰 도움이 된다. 불안한 아이들은 소심하고 수동적인 경우가 많다. 그래서 할 수만 있다면 문제 상황에서 도망치려 하고, 만일 도망치는 게 허용되지 않을 때는 방어적 공격, 즉 자신이 다치거나 위험에 처할 상황을 벗어나기 위한 공격적 행동을 하게 된다. 명상과 근육 이완법은 특히 방어적 공격 패턴을 보이는 아이에게 매우 유용하다.

심호흡과 마찬가지로 어린아이들이 스스로 명상과 근육 이완법을 실천하는 것은 결코 쉽지 않다. 평소에 명상과 근육 이완법을 충분히 훈련시키고, 이를 사용해야 할 상황이 오면 아이에게 실제로 해보라고 격려해줘야 한다.

① 명상 안내법

어른들은 가부좌를 틀고 심호흡을 하며 명상을 하는 데 큰 어려움이 없다. 일단 명상이라는 것을 이해하고 있기 때문에 가능하다. 하지만 아이들은 명상 자체를 알지 못하기 때문에 부모는 아이가 명상이 무엇인지, 그리고 어떻게 하는 것인지 알 수 있도록 '안내'를 해줄 필요가 있다.

"민지야, 이제부터 우리는 상상 여행을 떠날 거야. 어떻게 하는 건지 알려줄게. 먼저 눈을 감아봐. 눈을 감았으면 네가 가본 적이 있는 아주 편안한 곳을 떠올려봐. 아니면 네가 가고 싶은 곳을 생각해도 된단다."

"민지야, 그곳을 떠올렸니? 아주 좋아! 그럼, 그곳에 대해 내게 말해주렴."

만일 아이가 어디서부터 어떻게 말해야 할지 난감해한다면 아이에게 중간중간 질문을 해도 된다.

"그곳은 집 안이니, 아니면 바깥이니? 그곳에선 어떤 냄새가 나니? 거기서 뭘 할 때 가장 편안하니?"

아이가 자신이 생각한 곳을 상세히 설명하면 부모는 또 이렇게 말해준다.

"이제 그곳은 너의 특별한 공간이야! 네가 좋아하는 곳이고 편안하고 포근하고 안전한 공간이야. 너는 그곳에서 푹신한 구름의자에 앉아 부드러운 고양이털을 쓰다듬는 것을 좋아해! 앞으로 너는 눈을 감고 숨을 몇 번 들이쉬고 내쉬면, 네가 원할 때 그 특별한 공간으로 갈 수 있어! 그곳에 가면 모든 것이 좋아지게 돼!"

아이는 눈을 뜬 다음에 (아이가 원한다면) 상상 여행 속에서 본 것들을 그림으로 그리고 그것에 대해 부모와 이야기를 나눌 수 있다. 부모는 아이에게 앞으로 긴장되거나 무섭거나 화가 나는 일이 생겼을 때, 상상 여행에서 본 "너의 특별한 공간"으로 가보라고 말해준다. 그리고 이후 아이가 과도하게 긴장하거나 각성되었을 때마다 눈을 감고 심호흡을 몇 차례 한 후 그 공간으로 가보도록 유도한다. 아이가 명상을 끝마친 후에는 아이의 호흡과 신체가 어떻게 변했는지 부모가 알려주고 아이의 감정과 생각의 변화에 대해서도 이야기를 나눈다. 아이가 흥분한 상태에서 침착함을 되찾은 점을 축하하는 일도 잊지 않는다.

② 근육 이완법

아이가 화가 나거나 불안하거나 초조해할 때, 편안한 장소에 앉게 한 후 눈을 감고 심호흡을 하며 경직된 근육을 하나하나 이완하는 법을 가르쳐준다. 그리고 심호흡을 하고 근육을 이완시키면 화난 감정이 하나씩 풀리며 편안해질 것이라고 말해준다.

가장 보편적인 근육 이완 훈련법은 1938년 에드먼드 제이콥슨 Edmund Jacobson 이 개발한 방법으로 깊은 근육 이완을 유도하는 것이다. 아이를 편안한 의자에 앉게 한 후 얼굴, 목, 팔다리 등 다양한 근육을 긴장, 이완시켜 긴장과 이완의 느낌에 집중하도록 한다. 각 근육들은 약 10초 동안 긴장되었다가 약 30초간 이완되게 하며, 아이가 완전히 이완되었다고 할 때까지 이를 반복한다. 이 깊은 근육 이완은 대략 세 차례 실시하고, 집에서 매일 잠깐씩, 적어도 하루에 2회 정도 연습하도록 한다.

근육 이완 훈련법은 여러 학자들에 의해 다양하게 개발되었다. 여기서는 1974년 알린 코펜Arlene S. Koeppen이 개발한 아동용 이완 지시법을 예로 제시한다.

- 손과 팔 : 왼손에 레몬 하나를 쥐고 있다고 상상한다. 이제 그 레몬을 세게 눌러 짠다. 모든 즙을 다 짜내도록 한다. 눌러 짜는 동안 손과 팔에서 긴장을 느낀다. 이제 레몬을 떨어뜨린다. 이완했을 때 근육들이 어떻게 느껴지는지 주목한다. 또 하나의 레몬을 쥐고 다시 눌러 짠다. 처음보다 더 세게 짠다. 자, 됐다. 정말로 세게 한다. 이제 레몬을 떨어뜨리고 이완한다. 이완했을 때 손과 팔이 얼마나 더 좋게 느껴지는지 주목한다. 다시 한번 왼손에 레몬을 쥐고 모든 즙을 끝까지 눌러 짠다. 한 방울도 남기지 않는다. 세게 눌러 짠다. 좋다. 이제 이완하면서 레몬을 손에서 떨어뜨린다. 오른쪽 손과 팔로도 이 과정을 반복한다.

- 팔과 어깨 : 나 자신을 게으른 고양이라고 생각한다. 나는 기지개를 켜고 싶다. 팔을 앞으로 뻗는다. 머리 위로 높게 팔을 쭉 뻗는다. 팔을 내린다. 어깨에서 잡아당김을 느낀다. 더 높게 뻗는다. 이제 팔을 뒤쪽으로 떨어뜨린다. 자, 됐다. 다시 뻗는다. 팔을 앞으로 뻗는다. 팔을 머리 위로 쭉 올린다. 팔을 뒤

로 잡아당겨 제자리에 놓는다. 세게 잡아당긴다. 이제 팔을 빨리 떨어뜨린다. 좋다. 이제 팔이 얼마나 많이 이완됐는지 주목한다. 이번에는 훨씬 많이 쭉 뻗는다. 천장에 닿도록 노력한다. 팔을 앞으로 뻗는다. 머리 위로 팔을 높이 뻗는다. 팔을 제자리로 가져간다. 팔과 어깨의 긴장과 잡아당김에 주목한다. 이제 긴장시킨다. 됐다. 매우 빠르게 떨어뜨린 후, 이완되는 것이 얼마나 좋은지를 느낀다. 부드러움과 나른함, 기분 좋음을 느낀다.

• 어깨와 목 : 이번에는 내가 거북이라고 생각한다. 멋지고 평화로운 연못가 바위에 앉아 있다. 여기서는 기분 좋고 따뜻하고 안전감을 느낀다. 아! 위험이 감지됐다. 머리를 껍질 안으로 잡아당긴다. 어깨를 귀까지 잡아당겨 머리를 어깨 안으로 당기도록 한다. 긴장된 상태를 유지한다. 껍질 안의 거북이가 되는 것은 쉽지 않다. 이제 위험은 지나갔다. 밖으로 나와 다시 한번 이완하며 따뜻한 햇볕을 느낀다.

이제 주위를 둘러본다. 더 많은 위험이 있다. 서둘러 머리를 껍질 안으로 당겨 넣고 긴장된 상태를 유지한다. 나 자신을 보호하기 위해 긴장된 상태로 넣고 있어야 한다. 자, 됐다. 이제 이완해도 된다. 머리를 밖으로 내밀고 어깨를 이완한다. 다시 한번 더 한다. 아! 또 위험하다. 머리를 안으로 잡아당긴다. 어깨를 위로 귀까지 밀어서 긴장된 상태를 그대로 유지한다. 머리의 조그만 부분이라도 껍질 밖으로 보이게 해서는 안 된다. 그 상태를 유지한다. 목과 어깨에서 긴장을 느낀다. 됐다. 이제 밖으로 나와도 된다. 다시 안전해졌다. 이완하여 안전한 상태에서 편안함을 느낀다. 더 이상의 위험은 없다. 아무것도 걱정할 것이 없다. 아무것도 두려워할 것이 없다. 편안함을 느낀다.

- 턱 : 입 속에 몹시 딱딱한 풍선껌이 있다. 씹기가 매우 어렵다. 풍선껌을 깨문다. 딱딱하다. 목 근육이 돕도록 한다. 이제 이완한다. 턱을 느슨하게 숙인다. 턱을 떨어뜨리는 것이 얼마나 좋은 느낌인지 주목한다. 됐다. 이제 다시 껌에 달라붙는다. 아래로 물어뜯는다. 딱딱하다. 치아 사이로 눌러 짜도록 한다. 됐다. 정말로 그 껌을 물어뜯는다. 다시 이완한다. 턱을 얼굴 밑으로 떨어뜨린다. 껌을 씹지 않는 것이 얼마나 좋은지 주목한다. 됐다. 한 번 더 한다. 이번에는 정말 껌을 물어뜯어서 꽉 씹는다. 할 수 있는 한 더 세게 씹는다. 더 세게. 정말로 힘들게 하고 있다. 잘했다. 이제 이완한다. 몸 전체를 이완하도록 한다. 풍선껌을 다 씹었다. 할 수 있는 한 이완한다.

③ 급속 이완법

전신을 차례차례 이완하는 연습을 충분히 했다면 좀 더 간략한 이완법을 배워볼 차례다. 급속 이완법은 시간이 별로 없을 때 비상용으로 쓸 수 있는데, 온몸에 순간적으로 힘을 주어 움츠러뜨린 후 몸을 천천히 풀어 이완하는 것이다. 몇 차례 반복적으로 사용하면 긴장했던 몸이 이완되면서 마음도 편안해지는 효과가 있다.

◆

︿︿︿︿︿︿︿︿︿︿︿︿︿︿︿︿

CHAPTER 8

상황을 왜곡해서
바라보는 아이

︿︿︿︿︿︿︿︿︿︿︿︿︿︿︿︿

"오해해서 그래요!"

어떤 아이들은 상대방이 나쁜 의도로 행동한 것이 아닐 때도 적대적으로 해석한다. 이런 적대적인 해석은 상황을 갈등과 스트레스로 물들게 하여 아이의 공격성을 더욱 증가시키며, 아이가 자신의 행동을 정당화하도록 한다. 다음의 상황을 살펴보자.

지후는 나무블록으로 멋진 성을 꾸미고 뿌듯한 마음으로 바라보고 있었다. 이때 친구들과 잡기 놀이를 하던 영훈이가 지후가 있는 쪽으로 뛰어오다가 지후의 블록에 발이 걸리고 말았고, 그 순간 멋진 성이 우르르 무너져버렸다. 영훈이는 깜짝 놀라 "아! 어떡해"라며 당황한 표정을 지었다. 그때 지후가 영훈이를 노려보며 "이 나쁜 놈아, 일부러 그랬지!"라고 소리치더니 영훈이의 멱살을 잡고 흔들기 시작했다.

지후의 성이 무너진 후 영훈이가 보인 반응을 볼 때 영훈이가 일부러 성을 망가뜨렸다기보다는 우연히 그런 것일 가능성이 높다. 아무리 우연이라 하더라도 자신의 작품이 망가지는 일은 꽤 불쾌하고 속상한 일이기 때문에 당연히 화를 낼 수는 있다. 하지만 어떤 아이들은 지후처럼 상대방이 '일부러 망가뜨렸다'고 생각해 훨씬 격하게 반응하기도 한다.

오해가 만들어내는 악순환

지후와 같은 아이들은 사회적인 관찰력이 부족해서 적대적 의도가 없음을 보여주는 친구의 얼굴 표정이나 말과 같은 정서적 단서를 정확히 해석하지 못할 때가 많다. 그러다 보니 상황을 부정적으로 오해해서 화가 나게 되고, 일단 마음이 상하면 친구가 "미안해"라고 사과해도 복수하고 싶어 한다.

지후의 공격적인 반응은 영훈이와 그 상황을 지켜보던 다른 아이들로부터 '해도 너무한다', '일부러 그런 것도 아닌데 너무 지나치다', '속이 좁다'는 반응을 불러일으켜 갈등을 더욱 키운다. 하지만 지후 입장에서는 영훈이가 싹싹 빌어도 시원찮을 판에 적반하장 격이다. 이런 상황 속에서 지후는 영훈이를 비롯한 다른 아이들 모두 자신을 좋아하지 않는다고 생각하고, 영훈이가 성을 망가뜨린 데는 분명 자신을 골탕 먹이려는 의도가 있었다고 확신하여 더욱 심하게 화를 내게 된다.

이런 악순환이 만들어지면 친구들은 '지후는 별것도 아닌 일에 지나치게 화내는 나쁜 아이'라고 인식하게 되어 지후가 작은 짜증이나 화를 내도 참지 않고 즉각 대립한다. 이로써 지후는 결국 모든 아이들과 싸우고, 공격적인 행동도 점점 잦아진다.

왜곡된 지각과 두려움

'어떤 아이들이 사회적 갈등 상황에서 공격적인 해결책을 선택하는가'를 연구한 대표적인 학자로 케네스 도지 Kenneth A. Dodge 가 있다. 그의 연구에 따르면 공격성이 높은 아이들은 상대방의 말과 행동이 모호하거나, 좋지도 나쁘지도 않을 때 적대적인 것으로 해석하는 경향이 많았다. 왜곡되고 편향된 해석을 하면 자연히 공격적인 반응이 따라올 수밖에 없다.

이처럼 공격성, 특히 강한 분노를 동반한 공격성은 대부분 왜곡된 지각 때문에 발생한다. 오랜만에 만난 친구가 팔을 벌리고 환하게 웃으며 달려오는데 이 모습을 두고 '나를 하찮게 보고 비웃으며 때리려고 달려온다'고 해석한다면, 순간 달려오는 친구에게 두려움과 분노를 느낄 것이다. 이런 사고와 감정은 행동에도 영향을 미쳐서 다가오는 친구를 밀치거나 때리거나 화내는 것으로 이어진다.

타인은 나쁘거나 위험한 존재일까?

공격적인 행동을 하는 사람들을 '반응적 공격자'와 '도발적 공격자'로 나눌 수 있다. 특히 반응적 공격자들에게서 왜곡된 지각이 많이 나타난다. 도발적 공격자들은 공격성이 자신에게 어떤 이익을 가져다주는지 알고 있기에 공격적인 행동을 하며, 이들에게는 공격적인 행동을 하는 것이 매우 쉬운 일이기도 하다. 또 도발적 공격자들은 자신이 공격적인 행동을 하면 다른 사람들을 쉽게 복종시키고 지배할 수 있음을 알기 때문에 사회적 문제를 해결하거나 자신의 개인적 목적을 위해 공격성을 이용하며, 이 과정에서 유능감과 행복감을 느끼기도 한다.

반면 반응적 공격자들은 충돌이 있을 때 결코 행복하지 않으며 오히려 심한 스트레스를 겪는다. 이들은 먼저 시비를 걸거나 자신이 원하는 것을 얻기 위해 먼저 공격적인 행동을 하는 경우는 거의 없다. 하지만 타인의 의도와 행동을 의심하고 경계하면서 타인을 '나쁘거나 위험한 존재'라고 생각해 그 사람의 사소한 행동도 '공격적인' 것으로 해석한다. 그래서 이들은 '당하지 않기 위해' 혹은 '보복하기 위해' 공격적인 행동을 한다. 이처럼 반응적 공격자들은 다른 사람들의 행동에 적대적인 의도가 숨어 있다고 생각하는 경향이 많다.

아이가 잘못된 해석을 하는 이유

이렇게 된 이유는 본디 경계심이 많고 비관적 성향이 큰 기질이기 때문일 수도 있지만, 가장 대표적인 이유는 과거에 있었던 사회적 경험에 있다. 뚜렷한 잘못을 하지 않았는데도 부모나 또래로부터 빈번하게 무시와 괴롭힘을 당했거나, 갈등 상황에서 주변 사람들의 도움을 받지 못한 경험이 많을 때 그렇다. 또 평소 부모나 다른 어른들이 주변 사람들을 의심하고 나쁘게 여긴다면 그 모습을 본 아이 역시 타인의 의도나 동기를 적대적으로 해석할 가능성이 높다. 이런 경험을 많이 한 아이는 사람들을 보고 '나를 좋아하지 않고 일부러 괴롭히는 존재'라고 생각하며, '아무도 날 도와주지 않을 테니 피해를 입지 않으려면 내가 나를 지켜야 한다'는 신념으로 파이터가 되어간다.

합리적이고 객관적으로
지각하는 법 가르치기

부주의하거나 눈치가 없는 아이들, 상황의 맥락을 파악하는 데 어려움을 겪는 아이들 역시 왜곡된 지각을 갖기 쉽다. 사회적 상황을 파악하려면 주의력이 있어야 한다. 여러 정황을 잘 살펴서 무슨 일이 일어나는지를 파악할 수 있어야 하는 것이다. '뉘앙스'처럼 명확하지 않은 사회적 단서를 이해하는 능력도 필요하다. 그리고 상황의 인과관계를 추리할 수도 있어야 한다. 이 능력들을 통틀어 한마디로 '사회인지 능력'이라고 한다.

　사회인지 능력이 풍부한 아이들은 감정이입 능력과 타인조망수용 능력이 발달했다. 그래서 상대방이 나와 놀고 싶어 하지 않는 것이 내가 싫어서가 아니라 감기에 걸려 기운이 없기 때문이라는 것을 이해한다. 때문에 함께 놀아주지 않는다고 서운해하지도 않는다. 오히려 상대방이 아픈 사실에 가슴 아파 하며 "괜찮아? 빨리 나았으면 좋겠다!"라는 위로의 말을 건넨다.

하지만 왜곡된 지각을 가진 아이들은 상황의 부정적인 측면에 초점을 맞춘다. 비극적인 결과를 예측하는 성향이 강하기 때문에 "쟤는 나를 싫어해!", "나랑 놀기 싫대"와 같은 말을 곧잘 하곤 한다. 아픈 아이가 놀기를 거절하며 팔을 내저으면 "왜 때려?"와 같이 과민반응을 하기도 한다. 이 말을 들은 아픈 아이는 당황스럽고 기분이 상할 수밖에 없어서 "야, 내가 언제 널 때리려고 했어!"와 같은 감정적 반응을 보이게 되고, 결국 둘은 감정싸움을 하기에 이른다.

결국 왜곡된 지각을 가진 아이는 친구가 자신에게 화를 내고 싫어하는 모습을 보면서 "거봐, 너 나 싫어하잖아! 나한테 화내잖아!"라고 결론 내리고 자신의 판단이 옳았다고 믿는다. 이런 일들이 반복되면 이 아이는 자신의 지각이 결코 왜곡된 것이 아니며 진실 그 자체라고 여기게 되어 자신의 잘못된 방식을 고치려 하지 않을 것이다.

타인의 의도를 잘 알아차리도록 이끌어주자

왜곡된 지각을 가진 아이들을 돕는 방법은 상황을 보다 긍정적으로, 혹은 사실 그대로 받아들일 수 있도록 이끄는 일뿐이다. '긍정적으로 생각하고 합리적으로 지각할 수 있도록' 돕는 것이다. 아이가 상황을 있는 그대로 이해하며 상대방의 의도를 객관적으로 파악할 수 있다면 더 이상 두려워하거나 공격적인 방식으로 과잉반응할 필요도 없다. 이를 위해 부모는 아이를 위한 중계 캐스터나 내레이터가 되어 상황을 있는 그대로 알려주거나, 아이가 놓치고 있는 친구의 긍정적인 의도나 반응을 알아차릴 수 있도록 말해주도록 하자.

"오늘은 준수가 많이 아프구나. 감기에 걸려서 약을 먹었대. 감기약을 먹으면 졸리고 힘이 없어져. 그래서 오늘은 준수가 놀 수 없을 거야."

"아플 때는 모든 게 귀찮아져. 평소에 좋아하던 것도 아프면 하기 싫어지지. 준수는 지금 아프고, 그래서 너랑 함께 즐겁게 하던 팽이 놀이도 오늘은 하고 싶지 않구나. 아플 때는 잠시 쉬는 게 도움이 돼. 준수가 다 나으면 너랑 다시 즐겁게 놀 거야. 준수가 빨리 나으라고 기도해주자."

"준수는 지금 좋아하는 팽이 놀이도 할 힘이 없대. 많이 아프거든. 전에 너도 아팠을 땐 좋아하던 고기도 먹지 않았지? 아프면 힘이 없어지고 모든 게 싫어지기도 해. 하지만 아픈 게 나으면 다시 좋아져. 빨리 준수가 나았으면 좋겠다!"

"준수도 너와 놀고 싶어서 아픈데도 왔구나. 근데 약을 먹어서 정신이 없나 보다. 준수가 잠시 쉴 수 있도록 해주자. 그리고 준수에게 '빨리 나아!'라고 말해주자. 그러면 준수의 기분도 훨씬 좋아질 거야."

상황을 객관적으로 보도록 도와주자

아이가 "저 아저씨가 나 째려봤어!", "쟤가 날 때리려고 했어!", "날 치고 갔어!"라고 성을 내며 상대방에게 보복하려 한 적이 있는가? 그렇다면 부모는 아이의 시선을 잘 따라가며 아이가 부정적인 판단과 왜곡된 지각을 하기 전에 상황을 객관적으로 분석해주려고 노력해야 한다.

"저 아저씨는 눈이 나쁜가 봐. 나이가 들면 가까운 게 잘 안 보여서 눈을 찌푸리게 돼. 이제 저 아저씨도 안경을 써야겠다!"

"동현이가 오랜만에 널 만나서 기분이 정말 좋은가 보다. 널 안으려고 저기 멀리서부터 손을 벌리고 달려오네! 정말 너를 좋아하나 봐!"

"아휴, 저 사람은 뭐가 저리 바쁠까? 엄청 중요한 일이 있나 봐! 허둥지둥 달려가네. 그래서 앞에 네가 있는 것도 몰랐나 봐. 저것 봐, 정신없이 달려가잖아! 안 좋은 일이 아니었으면 좋겠다. 천천히 갔다면 조심해서 지나갔을 텐데, 정신이 없어서 자기가 다른 사람을 치고 간 것도 알지 못하는구나. 알았다면 미안하다고 말했을 텐데 말이야!"

이렇게 앞서서 타인의 입장이나 상황을 해석해주면 아이는 상대방의 행동에 나쁜 의도가 없다고 생각하고 부정적인 감정이나 생각에 휘말리지 않게 된다.

아이가 흥분했을 때는 먼저 공감부터

아이가 상대방의 의도를 적대적으로 해석해 이미 화가 나 있다면 "저 사람이 일부러 너를 친 게 아니잖아!", "아저씨가 언제 너를 째려봤다고 그래?"라고 말하진 말자. 그렇게 말하면 아이는 부모조차 자신의 말을 믿지 않고 오히려 자신을 나무란다고 생각해 더욱더 화내는 일이 벌어질 수 있다. 이럴 때는 아이의 말을 너무 반박하려고만 하지 말고 아이가 느끼는 감정이나 생각을 있는 그대로 수용해주는 것이 좋다.

"저 아저씨가 너를 째려본다고 생각했구나."

"저 사람이 너를 일부러 친 것 같다는 느낌이 들어서 기분이 나쁜 거구나."

아이의 생각에 무조건 동조하는 것이 아니라 아이가 느끼고 생각하는 방식을 수용하며 공감을 표현해주는 것이다. 이렇게 공감해주었을 때 아이는 부모가 자신을 이해해준다고 느껴 편안해진다.

아이가 일단 흥분을 가라앉히고 진정되었다고 생각되면 그때 부모는 아이를 비난하지 않으면서 상황에 대해 객관적으로 해석해주면 된다.

"저 사람 좀 봐. 너 말고 다른 사람들하고도 자꾸 부딪히는구나. 앞을 똑바로 보고 가면 될 텐데 꽤 허둥지둥하고 있어. 뭔가 좋지 않은 일이 있는 건 아닌지 걱정이 되네. 엄마도 전에 널 잃어버렸다고 생각했을 때 저 사람처럼 정신없이 뛰어다녔거든. 그때 어떤 아저씨와 정면으로 부딪히기도 했어! 하지만 그땐 너무 정신이 없어서 그 아저씨에게 미안하다는 말도 못 했네. 너를 찾아야 한다는 생각밖엔 없었거든. 저 아저씨도 그때의 엄마처럼 아주 급한 사정이 있을 수도 있겠구나."

타인의 생각을 이해하는 순간
아이는 편안해진다

아이가 다른 사람의 감정이나 생각을 이해하고 추리하는 능력과 공감하는 능력을 키울 수 있도록 일상생활에서 기회와 자극을 자주 제공해주도록 하자. 그러면 아이는 발달된 사회인지 능력을 바탕으로 사회적 상황에서 보다 적절하게 행동할 수 있게 된다. 문제가 발생했을 때는 누구나 감정적으로 흥분하고 생각 또한 주관적인 방향으로 흘러가기 쉽다. 때문에 문제가 일어났을 때 아이에게 타인의 입장을 이해시키려고 하거나 공감하라고 요구하게 되면 아이는 자기에게만 뭐라고 한다고 생각해 반항적인 태도를 보일 가능성이 높다. 그러므로 평소 문제가 없는 상황에서 사회인지 능력을 키워주는 것이 좋다.

함께 책 읽고 놀이하는 시간의 힘

부모가 아이와 함께 책을 읽거나 놀이하는 시간은 사회인지 능력을 향상시키기 위한 아주 좋은 기회다. 동화책을 읽다가 등장인물이 어떤 갈등 상황에 처했을 때 그 인물이 느끼는 감정과 생각은 어떠한지 함께 이야기를 나눠본다.

"어머, 이 아기 곰 얼굴 좀 봐! 기분이 안 좋아 보이는데? 네가 보기에는 어때? 이 아기 곰의 기분이 어떤 것 같니?"

"아기 곰에게 어떤 일이 일어난 걸까?"

"왜 아기 곰의 친구는 장난감을 빼앗아 간 걸까?"

이런 식의 적절한 질문들을 통해 아이가 상황을 잠시 생각해볼 수 있게 한다. 만일 아이가 "몰라!"라고 대답한다면 부모는 좀 더 구체적인 예시를 말해주는 게 좋다.

"아기 곰이 화난 걸까, 무서운 걸까, 아니면 슬픈 걸까?"

"친구 곰이 장난감을 빼앗가 가서 화가 난 걸까, 아니면 묻지도 않고 가져가서 그런 걸까? 그것도 아니면 다른 친구랑 놀아서 속상한 걸까?"

이런 말로 아이가 어떻게 생각을 시작할지 안내해주는 것이다.

"아기 곰은 어떻게 해야 할까? 너라면 어떻게 하겠니?"

"너라면 이때 어떤 기분일 것 같니?"

이런 질문들도 아이의 공감 능력을 키우는 데 도움이 된다.

역할 놀이도 유용하다

역할 놀이도 타인조망수용 능력과 공감 능력을 키우는 데 탁월한 효과를 발휘한다. 아이가 엄마 아빠 놀이에서 엄마나 아빠 같은 어른의 역할을 맡거나, 병원 놀이에서 의사 역할을 맡도록 하자. 아이는 떼를 쓰는 아이를 달래주고, 주사를 두려워하는 아이를 설득하면서 자연스럽게 다른 사람의 입장을 이해하게 된다.

부모는 아이와 함께 하는 역할놀이에서 약간의 딜레마 상황을 만들어 아이가 그 상황을 이해하고 해결하는 과정을 지원해줄 수도 있다. 예를 들어, 식당 놀이를 하면서 손님으로 음식 알레르기가 있는 사람을 등장시켜 주문을 까다롭게 한다. 아이는 까다로운 손님 때문에 짜증이 나지만 그 사람이 음식을 잘못 먹게 되었을 때 생기는 위험을 이해하며 손님을 위한 특별 메뉴를 만들 수 있다.

"사람은 저마다 사연이 있단다"

이외에도 일상생활에서 자연스럽게 다른 사람의 관점과 상황을 이해할 기회는 많다. 치과에서 기다리는 동안 치과 진료를 앞두고 무서워하는 한 꼬마의 칭얼거림을 보며 꼬마의 두려움을 이해할 수 있다. 길거리에서 넘어진 아가씨를 보고 갑작스러운 순간의 민망함도 알게 되고, 어떤 생각에 푹 빠져 자기를 부르는 소리도 듣지 못하는 아저씨의 상황을 이해할 수도 있다. 이제 아이는 사람들이 저마다 사연이나 사정이 있을 수 있음을 깨닫게 된다. 그리고 이런 이해를 통해 자기중심적인 사고에서 벗어나 상황에 대한 보다 다양한 이해와 추리, 공감 능력을 키우게 된다. 이런 능력들을 갖춘 아이는 상황을 더욱 객관적으로 이해하고 공정하게 지각할 수 있어 눈앞의 상황을 무조건 적대적으로만 해석하지 않을 것이고, 타인을 공격적으로 대하는 일도 점점 줄어들 것이다.

◆

CHAPTER 9

불안정한 가정환경에
갇힌 아이

"우리 집이 문제예요!"

선호의 부모는 하루가 멀다 하고 싸운다. 아이 앞에서 고성을 지르고, 때로는 부부싸움의 불똥이 선호에게 튀어서 별것 아닌 잘못에 심하게 야단을 치기도 한다. 그래서일까? 선호는 집에서는 부모의 눈치를 보며 별다른 문제행동을 하지 않는다. 하지만 유치원에서 선호는 전혀 다르다. 또래들에게 대장처럼 굴며 지시를 하고 자기 말을 듣지 않으면 화를 내고 때리는 등의 공격적인 행동을 한다. 마치 집에서 받은 스트레스를 또래들에게 푸는 듯이 보일 때도 있다.

가족 간의 지속적인 갈등은 아이들이 형제나 또래들과 사이가 좋지 않고 공격적인 상호관계를 맺도록 한다. 부부 갈등과 가정 내 스트레스는 아이들의 공격성과 다른 문제행동이 증가하는 현상과도 밀접한 관련이 있다. 선호처럼 갈등이 지속되는 가정에서 자란 아이들은 또래나 형제자매들과 사이가 좋지 않고, 말과 행동이 더 공격적이 되기 쉽다. 부모들은 이런 자녀의 행동을 보며 서로의 배우자에게 "도대체 어떻게 키웠기에 애가 말을 안 들어?", "당신이 언제 아이들한테 관심을 준 적이 있기는 해?"라는 말로 또다시 다툼을 벌이곤 한다. 부부 문제에 자녀 문제로 인한 갈등까지 더해지는 것이다. 그 결과 부부 갈등은 더욱더 심해지고 자녀의 문제행동 역시 늘어나 또다시 부부 갈등과 가정 내 스트레스가 심각해지는 악순환이 생긴다.

부부싸움 후 아이에게서 멀어지는 부모

부모들끼리의 갈등이 아이의 공격적인 행동을 부추기는 것은 부모가 아이에게 스트레스와 갈등을 표현하고 해결하는 방법으로 공격성을 사용했기 때문이다. 이와 함께 부부 갈등 이후 발생하는 '고립과 후퇴 패턴'도 크게 영향을 미친다. 부부간 갈등이 심해지면 치열하게 싸우던 부모는 서로에게서 멀어지는 모습을 보인다. 상대방이 밉고 더 이상 갈등을 키우고 싶지 않다는 이유로 서로에게서 후퇴하는데, 이때 부모는 자신의 배우자뿐 아니라 아이에게서도 멀어지는 것이다.

부부싸움으로 지치고 화가 난 부모는 각자의 방이나 공간에서 홀로 머무르기를 원한다. 이렇게 고립되어 후퇴한 상태에서 부모는 아이에게 기본적인 돌봄만 해줄 뿐이며 어떤 부모는 이마저도 해주지 않는다. 먹을 것만 주고 방으로 다시 들어가버리는 이런 부모는 자녀에게는 '정서적으로 쓸모없는 존재'다. 아이들은 부모와의 애착 관계를 통해 부모를 안전기지로 여기며 정서적으로 편안함과 위안, 도움을 받아야 하는데, 아내나 남편과 자주 싸우며 갈등하는 부모는 안전기지로서의 부모 역할을 해주지 못한다.

부모 입장에서는 제 코가 석 자이기 때문에 자식을 돌볼 여유조차 없는 것이지만 아이에게 이런 부모는 그저 무관심하고 냉담한 존재일 뿐이다. 이런 부모의 양육 태도는 아이의 공격성을 부추긴다. 애착 연구에 따르면, 부모가 안전기지가 되어주는 애착 경험을 한 아이는 정서와 행동 모두에서 자기조절력이 발달하지만, 방임과 같은 양육 경험을 한 아이는 자기조절력을 관장하는 뇌 발달에 부정적인 영향을 받아 자기조절에 어려움을 겪을 수 있다. 부모가 아이를 방임하고 학대하며 일관성 없고 예측 불가능한 양육을 한다면 '혼돈형 애착'이 주로 형성된다고 한다. 이 애착 유형으로 분류된 영아기 및 아동기 아이들의 공격성에 큰 상관관계가 있는 것도 이런 이유 때문이다.

부모가 싸워도 무표정한 아이, 괜찮은 걸까?

갈등이 일상이 된 가정에서 자란 아이는 부모가 싸울 때 별다른 생리적 반응을 보이지 않는 경우가 많다. 부모가 소리치고 싸우면 무서워서 벌벌 떨거나 "싸우지 마!" 하고 울며불며 매달릴 법도 한데 그저 무표정한 얼굴로 제 할 일을 한다. 거실에서 의자가 날아다녀도 아이는 제 방에 들어가 노래를 흥얼거리며 책을 읽기도 하고, 아빠가 한숨을 쉬고 엄마가 울고 있는데도 거실 소파에 앉아 웃으며 만화영화를 보기도 한다.

어떤 부모는 아이가 둔감하고 무던해서 부부싸움에 별반 신경을 쓰지 않아 다행이라고 하지만, 사실 이런 반응은 결코 좋은 것이 아니다. 부부 갈등과 공격성에 관한 연구에 따르면 이렇게 갈등 상황에서 무딘 생리적 반응을 보이는 것은 아이들이 자신이 겪고 있는 불쾌한 상황에서 벗어나기 위해 선택한 행동이다. 연구자들은 이런 반응이 앞으로 비행, 일탈, 공격성과 같은 품행 문제를 강하게 예견하는 요소라고 주장한다. 옆에서 싸움이 일어나도 신경 쓰지 않는 아이는 갈등 상황을 살피고 문제를 해결하기 위한 사회적 기술을 배울 기회도 놓치게 된다. 그로 인해 앞으로 친한 친구를 사귀고 또래들과의 갈등을 우호적으로 해결하는 데도 어려움을 겪으며, 이 어려움이 품행 문제로 이어진다.

싸움이 일상인 가정에서 자란다는 것

공격적인 아이들 중에서도 공격성이 유독 강한 아이들은 평범하지 않은, 비전형적인 가정환경에서 살고 있는 경우가 많다. 대부분의 가정에서 가족들이 서로에게 애정을 표현하고 격려해주는 것과는 달리, 공격성이 매우 강한 아이들의 가정에서는 가족들이 서로 끊임없이 말다툼을 하며, 다투지 않을 때는 대화하기를 꺼리고, 말을 하게 될 때는 우호적으로 대화하기보다는 약 올리거나 위협하거나 괴롭히는 일이 많았다.

또 던지고 때리는 등 공격적인 행동을 하는 자녀를 둔 부모들은 아이의 문제행동을 통제하는 수단으로 체벌이나 비난 같은 강압적인 전략을 주로 사용했으며, 아이의 친사회적 행동은 무시하고 악의 없는 행동도 반사회적으로 해석해 화를 낼 때가 많았다. 부모 자신이 상황을 왜곡해서 공격성을 보이는 것이다. 공격성과 가정환경의 관계를 연구한 아동심리학자 제럴드 패터슨Gerald R. Patterson 은 "불안정한 가정환경이야말로 비행과 공격성의 사육장이다"라고 결론 내렸다.

이처럼 아이의 공격성에 큰 영향을 주는 것이 바로 가정환경이다. 아직 모르는 게 많고 서툴기만 한 아이들은 가정환경을 대표하는 존재인 '부모'를 관찰하고 모방하며, 부모로부터 옳고 그름을 지도받으면서 사회정서적 상황에서 어떻게 행동해야 하는지를 배워 간다. 때문에 부모가 아이를 제대로 돌보지 않으면 아이가 부적절한 행동을 하는 것은 당연하다.

아이를 사랑하며 육아에 최선을 다하더라도 부부 사이에 갈등이 지속되어 분위기가 냉랭하거나 다툼이 잦다면 아이의 성장은 결코 부모가 기대하는 만큼 긍정적으로 이루어지지 않는다. 부부 갈등과 스트레스가 심하고 이를 해결하지 못하면서 아이의 문제를 잘 다룰 수는 없다. 그러므로 만일 부부간의 문제가 있다면 그 문제를 해결하는 노력을 먼저 하기를 권한다. 그 노력을 한다는 전제를 두고 아이의 공격성을 예방하거나 줄일 수 있는 가정 내 지도법에 대해 알아보자.

가정 규칙 정하기

기본적으로 지켜야 할 사회적 규칙만큼 가정 내 규칙도 중요하다. 가족 구성원들이 커다란 갈등이나 충돌 없이 원만하게 생활하려면 가정 규칙을 미리 정해야 하는데, 바로 이것이 가정의 평화를 위해 가장 먼저 해야 할 일이다. '무질서'나 '카오스(혼돈)'처럼, 듣기만 해도 불안해지는 단어들의 공통점이 바로 '규칙의 부재'라는 점을 보면, 어른이든 아이든 안정적인 삶을 살려면 규칙은 꼭 필요하다.

　사람뿐 아니라 집단생활을 하는 모든 동물의 세계에는 규칙이 항상 존재한다. 동물 세계의 규칙은 인간 세계보다 훨씬 엄격하다. 규칙을 위반하면 바로 무리에서 퇴출당하거나 죽음으로 이어지는데 그렇게 하지 않으면 그 집단은 생존 가능성이 줄어들기 때문이다. 우리 가정도 마찬가지다. 가정 규칙이 아예 없거나, 혹은 있어도 지켜지지 않는 있으나마나 한 규칙이라면 아이들은 부모의 말을 듣지 않고 가족들은 서로 싸우고 물어뜯게 되어 결국 그 가정은 파괴된다. 그야말로 '비행과 공격성의 사육장'이라 할 수 있다.

가족 모두에게 적용되는 규칙부터

가장 기본적으로 갖춰야 하는 가정 규칙은 가족 구성원 모두에게 적용되는 보편적인 사회적 규칙이다. 예를 들면, '사람은 사람을 때릴 수 없다', '화가 난다고 욕을 하거나 물건을 부수면 안 된다' 등이다. 이런 규칙들은 이미 우리 사회의 법으로도 제시되어 있어 아무리 억울한 사정이 있다 하더라도 사람과 사물에 대해 파괴적인 행동을 하면 벌을 받는다.

물론 만 3세 미만의 어린 아기들은 아직 자신의 감정과 생각을 언어로 표현하는 능력이 미숙하고 자기조절력도 부족해서 화가 나면 옆에 있는 엄마를 때리거나 형의 팔을 물 수 있다. 어리다고 해서 그런 행동을 허용하면 안 된다. 잘못된 행동을 하는 아기의 몸을 잡아 더 이상 남을 아프게 하는 행동을 이어가지 못하도록 제한하고, 이와 동시에 이렇게 말해주어야 한다.

"화가 났구나. 하지만 그렇다고 해서 때리면 안 돼! 그럼 아프고, 다칠 수 있거든."

만 3세 이상 아이들의 경우 가정 규칙을 위반했을 때 이에 상응하는 불이익이나 벌칙을 주어 규칙을 준수할 수 있게 지도해야 한다.

외식 메뉴 정하기, 싫어하는 별명 부르지 않기

보편적인 규칙 외에도 가족만의 특별한 규칙이나 특정 가족 구성원에게 해당되는 규칙이 존재할 수 있다. 만일 아이들이 외식 메뉴를 부모가 고르는 것에 불만을 표현했다면 주말 외식 메뉴를 가족 구성원이 돌아가며 정하는 것을 규칙으로 할 수도 있다. 첫째 주는 아빠, 둘째 주는 둘째 아이, 셋째 주는 첫째 아이, 그리고 넷째 주는 엄마가 외식 메뉴를 고르는 식이다. 이렇게 미리 규칙으로 정해놓으면 외식 메뉴를 정할 때마다 발생하는 분쟁을 줄일 수 있다.

만일 형제간에 다툼이 잦다면 이와 관련한 규칙도 정해놓으면 좋다. 이때 아이들 각각의 특성을 고려해 각자 다른 규칙을 적용해야 할 때도 있다. 둘째 아이가 형이 자신의 이름을 부르지 않고 자꾸 싫어하는 별명을 부른다며 기분 상해 한다면 첫째 아이가 지켜야 할 규칙은 '동생을 별명으로 부르지 말고 이름으로 부르기'가 될 수 있다. 한편 첫째 아이는 동생이 허락 없이 자기 방에 들어오는 게 싫다고 할 수 있다. 그러면 '형의 방에 들어갈 때는 노크하고 허락받고 들어가기'가 둘째 아이가 지켜야 할 규칙이 될 수 있다.

가정 규칙은 가족 구성원의 발달 상황이나 가정환경을 고려해 지속적으로 보완되어야 한다. 유치원을 다니는 아이, 초등학생이 된 아이, 그리고 고등학생이 된 아이가 지켜야 할 규칙은 당연히 달라진다. 맞벌이 가정, 한부모 가정, 전업주부가 있는 가정의 환경도 각각 다르다.

여러 가지 요소를 고려해 우리 가정에 가장 알맞은 규칙을 만들 어보자. 규칙을 만들 때 부모는 아이에게 적용할 규칙만 생각하지는 말자. 안정적이고 행복한 가정을 위해 부모로서 해야 할 일들을 규 칙으로 만들어놓는 일도 잊지 말아야 한다. '아이와 하루에 15분 놀 기(혹은 대화하기)'는 부모와 아이의 유대감을 위해 지켜야 할 최고의 규칙이다.

규칙을 위반했을 때는?

규칙이 있으면 당연히 벌칙도 존재해야 한다. 법 없는 세상은 우리 모두가 원하는 것이지만 그런 세상은 우리의 이상향에나 존재한다. 호기심 많고 유혹에 약한 인간에게는 어느 정도의 경각심을 느끼게 하는 장치가 필요한 법이다. 아이들, 특히 공격적인 성향이 있는 아 이들은 더더욱 유혹에 약하고 쾌락과 자극을 추구한다. 또 앞뒤 결 과를 재지 않고 행동부터 하는 경향이 있기 때문에 문제행동을 멈추 도록 하는 제동장치가 꼭 필요하다. 이를 통해 자신의 잘못된 행동 이 어떤 결과를 초래하는지, 어떤 불이익과 불편함을 감수하게 되는 지 알아야 하며, 어떤 행동을 하는 것이 올바른 선택인지 생각할 기 회도 가져야 한다.

아이들이 규칙을 위반할 때 받는 벌칙은 신체적인 고통이나 수치심, 죄책감과 같은 정서적인 비난을 동반하면 안 된다. 아이들에게도 합리적이며 타당하다고 느껴지는 벌칙이면 가장 좋고, 그 벌칙이 사전에 충분히 고지되어 아이들이 규칙을 지키지 않을 때 자신에게 어떤 결과가 일어날지를 예측할 수 있어야 한다. 이를 위해 부모는 가정 규칙과 함께 이를 지키지 않았을 경우 받게 될 벌칙도 함께 써서 가족이 모두 볼 수 있는 곳에 붙여놓도록 한다. 가족들이 자주 드나드는 주방의 벽이나 냉장고 문, 거실의 벽면이 규칙을 공고하기에 좋은 장소가 된다.

어떤 벌칙이 효과적일까?

벌칙이 신체적이고 감정적인 처벌이 되어서는 안 되지만, 그렇다고 해서 '안 지켜도 그만인 것' 혹은 '별것 아닌 것'으로 느껴져도 안 된다. 어떤 벌칙이 아이를 처벌적으로 대하지 않으면서도 잘못된 행동을 예방해줄 수 있을까?

이런 효력을 가지려면 벌칙은 아이가 '하고 싶은 것'이나 '너무 쉬운 것'이어서는 안 되며, 아이들이 '웬만해서 하고 싶지 않은 것'이어야 한다. 음식물 쓰레기 버리기, 분리수거, 화장실 청소, 운동화 빨기, 빨래 개기 등은 어떤가? 이런 일들은 꼭 해야 하지만 누구나 하고 싶어 하지 않는 일들이다. 벌칙으로는, 해야 할 필요가 없는 일을 하게 하기보다는 기존의 일들 중에서 하기 싫고 귀찮은 일을 고르는 것이 좋다.

비록 아이가 잘못된 행동을 해서 벌칙을 수행한 것이지만, 부모는 아이가 평소 부모가 하던 일을 대신 해준 것에 대해 고마움을 표현해주도록 하자. "거봐, 쌤통이다!"라고 말하는 대신 "고맙구나. 비록 벌칙이긴 하지만 엄마의 일을 도와준 것이니 참 고맙다"라고 말해주면 아이는 나름 벌칙을 수행하느라 쓰라렸던 마음을 쉽게 달랠 수 있다.

벌칙을 정할 때 아이들의 발달 수준도 반드시 고려해야 한다. 비록 미취학 아이는 무거운 분리수거 바구니를 들고 분리수거장으로 갈 수는 없지만 집에서 여러 바구니에 쓰레기를 분리해 넣을 수는 있으며, 개어놓은 빨래를 서랍에 넣는 일 정도도 할 수 있다. 아이가 수행할 수 있는 능력 범위 내에서 벌칙을 만들어보자.

아이가 규칙을 위반했을 때 사용할 수 있는 벌칙으로는 4장 '유아기 지도법'에서 '결과 제공하기' 방법으로 언급한 '복구', '연습', '일시적 권리 상실'을 활용해도 된다. 형의 방에 허락 없이 들어갔을 때는 형의 방을 정리한다거나(복구), '동생에게 욕하지 않기'나 '동생의 별명을 부르지 않기'라는 규칙을 어겼다면 동생에 대한 칭찬을 5번 한다거나(연습), 동생의 장난감을 빼앗았다면 동생과 함께 사용하는 태블릿을 그날 하루는 사용하지 못하는(일시적 권리 상실) 벌칙을 받을 수 있다.

가족회의를 활용하자

가정 규칙을 정하는 방법으로 '가족회의'를 추천한다. 가족 구성원과 관계된 규칙을 정하는 것이기에 가족이 모두 참여해 규칙을 발의하고 결정해야 아무래도 민주적이기 때문이다.

가족회의는 가족들이 비교적 심신이 편안한 상태일 때 하는 게 가장 좋다. 피곤하고 스트레스가 심한 상태에서는 사람들과 함께 있는 것만으로도 짜증이 날 수 있고, 또 아이가 잘못된 행동을 하자마자 가족회의를 열면 아이는 가족회의가 자신을 비난하는 청문회가 될 것이라 생각해 공격적인 반응을 보일 수 있다.

평소에 아이들의 문제행동을 줄여주는 데 도움이 될 가정 규칙을 생각해둔 다음, 가족이 모두 여유롭고 편한 상태일 때 가족회의를 소집하도록 한다. 사람은 자신에게 유리한 것은 지지하고, 불리한 것은 거절하는 습성이 있기 때문에 아이들은 가정 규칙을 자신에게 유리한 방향으로 만들려고 한다. 회의에서는 모든 사람이 발언권을 가지기 때문에 아이의 의견을 충분히 경청하고 수용해야 하지만 아이에게 끌려 다녀서는 안 된다. 인간과 사물의 본성에 근거하여 객관적으로 어디에나 보편타당하게 적용되는 '자연법'처럼, 아이의 욕구와 감정을 이해하더라도 개인의 욕구가 이성적인 질서와 규칙 위에 존재할 수는 없다.

따라서 가족 구성원들의 기본적 권리를 지키고 각자가 의무를 준수하기 위해 꼭 필요한 규칙은 아이의 욕구와는 별개로 강조되어야 한다. 때리거나 욕하거나 물건을 망가뜨리는 행위를 제한하는 것이 가장 기본적인 가정 규칙이 될 수 있으며, 이와 함께 가족 구성원들의 편의를 위한 타협과 계약을 토대로 하여 가정 규칙을 만들도록 한다.

어린아이라면 규칙에 적응할 시간이 필요하다

가정 규칙이 만들어졌으면 가족 구성원 모두에게 명확히 공지하여 나중에 딴소리를 하지 않도록 확실히 해두어야 한다. 그리고 한동안은 가족 구성원 모두가 가정 규칙을 완전히 숙지할 수 있도록 규칙을 위반할 가능성이 높은 행동을 할 때마다 규칙을 상기시켜주는 일이 필요하다. 가령 국가에서 뒷자리 안전벨트 착용에 관한 법을 만들면 일정 기간 동안 계도 기간을 갖고 단속하면서 주의를 주는 것과 비슷하다. 어린아이들은 어른에 비해 주의력과 기억력이 부족하기 때문에 자신의 관심사가 아닌 것들을 쉽게 잊어버리는 경향이 있다. 아이가 일부러 규칙을 어기려고 한 게 아닌데 규칙 위반으로 벌칙을 받으면 매우 억울해하는 경우가 종종 있으므로 규칙을 완전히 인지할 때까지 충분한 계도 기간을 갖도록 한다.

감정적인 처벌이 되지 않도록

계도 기간이 끝났는데 아이가 가정 규칙을 위반했다면 부모는 흥분하거나 화내지 말고 침착하고 단호한 어조로 규칙을 상기시킨다. 규칙 위반 시 받게 될 벌칙도 함께 말해준다. 이때 아이가 느낄 당황스럽고 혼란스러운 감정에 대해서도 헤아려주면 더욱 좋다. 부모는 아이가 규칙을 어긴 것을 나쁜 의도에서 비롯된 것이라고 생각하지 말고 아이의 실수라고 여기며 안타까움을 표현해주도록 하자.

"저런, 규칙을 깜박 잊었구나. 너도 당황스러웠겠다. 하지만 안타깝게도 규칙을 어겼으니 속상하겠지만 벌칙을 받아야 해."

모든 부모는 아이가 좋은 행동을 하기를 바라는 마음이 크다. 그렇기 때문에 아이가 잘못된 행동을 하면 아이만큼, 혹은 아이보다 더 크게 상심하곤 한다. 부모의 속상한 마음은 아이를 향한 질책과 비난으로 이어지기 쉽다. 이를 드러내어 표현하는 것은 정말 조심해야 한다. 어차피 아이는 자신의 잘못된 행동으로 인한 불이익을 받게 될 것이다. 그것만으로도 짜증이 나고 스스로도 자신의 행동이 후회될 텐데 옆에서 부모까지 자신을 비난하고 감정적으로 처벌하면 아이는 더더욱 화가 나고 반항심이 샘솟는다. 아이들은 자신이 규칙을 어겼고, 이로 인해 벌칙을 받아야 한다는 사실만으로도 충분히 괴롭다. 그러니 비난과 잔소리까지 얹지는 말자.

또 아이가 벌칙을 잘 이행했다면 자기 잘못을 만회하려고 노력한 행동을 인정해주도록 한다.

"동생 방을 말끔히 정리해주었구나. 아까 규칙을 어긴 게 미안해서 더 깨끗하게 치운 것 같아."

이런 말로 아이를 격려해주자. "그러게, 누가 규칙을 어기래? 다음에 또 청소하고 싶으면 규칙을 지키지 마! 네가 대신 청소를 해주니 엄마는 좋네!" 식의 비아냥거리는 말은 금물이다. "힘들지? 고거 쌤통이다! 너, 집이니까 이 정도지, 다른 데 가서 그딴 식으로 행동하면 더 큰 벌 받아. 감옥 가!"와 같은 위협적인 말도 아이에게 해선 안 된다. 아이가 이미 잘못에 대한 대가를 치렀는데도 계속 인상을 쓰고 있거나 화가 나 있는 모습을 보이는 것도 좋지 않다.

우리 집 규칙 만들기

여러분의 집에서 지켜야 할 규칙은 무엇인가? 규칙을 어겼을
때 받게 될 벌칙도 생각해보자.

우리 집 규칙

1.

2.

3.

규칙을 어길 시 벌칙

아이와 특별한 시간 갖기

아이가 일상에서 공격적인 행동을 하지 않고 부모의 지도를 잘 따르게 하려면 무엇보다도 부모와 좋은 유대감을 가져야 한다. 남녀노소를 불문하고 누구나 좋아하는 사람의 말은 잘 듣는다. 그러니 아이가 부모를 좋아하고 따르게 해야 하는데 이를 위해 강력히 추천하는 방법이 바로 아이와 특별한 놀이 시간을 갖는 것이다.

아이가 초등학교 4학년 이하라면 매일 아이와 15분에서 20분 정도로 '특별한 시간'을 마련해보자. 학교에 다니는 아이라면 저녁이나 방과 후 시간이 좋겠고, 아직 취학 전이라면 형제자매가 학교에 가고 없는 시간을 선택할 수 있다. 아이가 만 10세 이상이라면 이런 특별한 시간을 일과로 만드는 일이 쉽지 않다. 이런 경우에는 아이를 잘 지켜보다가 아이가 혼자 있을 때 다가가서 함께하는 시간을 자연스럽게 만들도록 한다.

아이와의 특별한 시간은 부모와 아이가 일대일 관계로 보내는 게 좋으므로 다른 형제자매는 포함시키지 않도록 한다. 한 아이와 특별한 시간을 가질 때 배우자에게 다른 아이들을 봐달라고 하거나 다른 아이들이 없는 시간을 이용해 둘만의 시간을 갖도록 한다.

'사랑받고 있다'는 느낌

특별한 시간을 일과로 정했다면 그 시간이 되었을 때 이렇게 말하며 아이가 선택할 수 있도록 한다.

"와, 이제 우리의 특별한 시간이 되었구나. 이 시간 동안 우리는 함께 놀 수도 있고, 이야기를 할 수도 있단다. TV나 스마트폰을 보는 것만 아니면 네가 하고 싶은 것을 거의 다 할 수가 있어! 자, 오늘은 뭘 할까?"

너무 처음부터 의욕적으로 이거 하자, 저거 하자고 제안하기보다는 아이가 선택할 수 있는 시간을 충분히 주자. 아이가 선택하거나 관심을 보이는 것, 아이가 한 일에 대해 아이에게 들리도록 반응해주면 된다.

"오늘 너는 해적 놀이를 하고 싶구나."

"블록을 골랐구나."

"하하, 빨강 차가 파랑 차를 경주에서 이겼네!"

"점토로 도넛을 만들었구나. 정말 맛있어 보인다!"

이렇게 반응해주는 이유는 '나는 너에게 관심이 많다'는 사실을 알게 해주기 위함이다. 놀이 시간처럼 꼭 해야 할 게 없고, 야단맞을 일이 없는 상황에서 부모의 긍정적인 관심을 실컷 누리게 해주는 것이다. 아이에게 '부모는 나를 좋아한다'는 느낌을 전하는 것이 이 시간의 가장 큰 목적이다.

아이의 행동에 적극적으로 반응해주고, 아이가 마음에 드는 행동을 했을 때는 칭찬, 인정, 긍정적인 피드백이 담긴 말을 덧붙이도록 한다. 그중에서 아이를 칭찬하는 방법을 다음과 같이 소개한다.

① 비언어적인 방법

포옹, 미소, 어깨나 머리를 가볍게 쓰다듬어주기, 등을 부드럽게 두드려주기, 아이의 어깨에 팔을 두르기, 가벼운 입맞춤, 엄지 척, 윙크……

② 언어적인 방법

"난 네가 ~일 때가 좋단다."

"네가 ~를 할 때 정말 멋있다는 거, 너도 아니?"

"이따가 엄마(혹은 아빠)가 오시면 네가 얼마나 잘했는지 말해야겠다."

"네가 ~한 것은 정말 멋진 방법이었어!"

"훌륭해!"

"네가 하는 것이 얼마나 멋진지……."

"네가 ~할 때 정말 자랑스러워!"

"여러 가지 방법을 생각해냈구나!"

"잘 참았구나!"

"문제를 해결하려고 노력하는 모습이 정말 멋지구나. 참 잘했어!"

특별한 시간 동안 아이가 소란을 피운다면

특별한 시간이 진행되는 동안 아이가 버릇없는 행동을 하기 시작하면 잠깐 동안 아이를 외면하고 다른 곳을 쳐다본다. 그래도 아이가 잘못된 행동을 그만두지 않는다면 특별한 시간이 끝났음을 알려주고 방에서 나온다. 그리고 이후 착하게 행동할 때 다시 놀겠다고 말해준다. 만일 아이가 심하게 소란을 피우고 시끄럽고 공격적인 행동을 한다면 뒤에서 소개하는 '타임아웃' 방법을 참고해 훈육한다.

부모가 아이와 특별한 시간을 갖기로 마음을 먹었다면 첫 주는 매일 해야 한다. 그 후에도 일주일에 최소 3~4번은 해야 한다. 아이가 공격적인 행동을 특별한 시간이 끝난 후 했더라도 이에 대한 벌로 다음 날 갖기로 한 특별한 시간을 취소하지는 않는다. 아이와의 특별한 시간은 긍정적인 관심을 주어 아이의 자존감을 높이고 부모와의 유대감을 높이기 위한 것이므로 가능한 한 규칙적으로, 오래 하는 것이 가장 좋다.

놀이 시간을 안 지키고 떼 부리는 아이라면

지나치게 공격적인 아이들은 규칙을 지키는 데 서툴기 때문에 놀이를 더 하자고 우기거나 떼를 쓰는 경우가 많다. 이 때문에 놀이 시간을 갖는 것이 엄두가 나지 않는다고 호소하는 부모들도 있다. 사실 아이가 그처럼 몹시 아쉬워한다면 부모와의 놀이가 그만큼 좋았고 부모와 함께하고 싶다는 뜻이므로 나쁘게만 생각할 것은 아니다. 그래도 놀이 시간을 지키는 것 자체가 규칙을 준수하고 욕구를 조절하는 일이므로 인내심을 갖고 가르쳐야 한다. 아이에게 놀이 시간을 알려주고, 아이가 떼를 부릴 때 화를 내거나 논쟁을 벌이기보다 이렇게 대응해보자.

엄마 와, 어느새 시간이 이렇게 지났구나. 우리가 함께 놀 시간이 5분 정도밖에 남지 않았네. 5분 뒤면 오늘 우리의 놀이 시간이 끝난단다.

아이 엄마, 빨리 놀자.

엄마 그래, 시간이 아까우니까 빨리 놀자.

(4분 후)

엄마 이제 곧 우리의 놀이 시간이 끝난단다. 이제 마무리를 해야겠구나.

아이 (못 들은 척한다.)

엄마 이제 3시가 다 되었네. 3시까지가 우리의 놀이 시간이었지? 자, 오늘은 여기까지. (놀잇감을 정리하며) 엄마도 정말 즐겁게 놀았단다.

아이 엄마, 이거 봐. (놀이를 계속하며) 공룡이 날아간다!

엄마 더 놀고 싶구나. 엄마는 이제 집안일을 해야 해서 더 놀 수가 없단다. 하지만 넌 지금 특별히 할 일이 없으니 더 놀고 싶으면 놀아도 돼.

아이 엄마랑~ 엄마랑 같이 놀래.

엄마 엄마랑 놀이한 게 참 좋았구나. 엄마도 너랑 노는 게 즐거웠단다. 하지만 오늘 우리가 함께할 놀이 시간은 끝났단다. 대신 내일 2시 반에서 3시까지 또 놀 거야. 엄마랑 함께 놀이하는 건 그때까지 기다려야 해.

아이 싫어, 싫어. 놀 거야. 놀아, 엄마!

엄마 엄마랑 놀이한 게 그렇게 좋았구나. 그런데 미안하구나. 오늘 우리의 놀이 시간은 끝났단다. 내일 놀자. (자리를 떠나려 한다.)

아이 (엄마의 앞길을 막아서며) 안 돼. 못 가. 가지 마. 놀아.

엄마 (아이의 몸을 부드럽게 잡고 눈을 맞추며) 정말 아쉽구나. 엄마하고 놀고 싶은데 엄마가 안 된다고 해서 속도 상하고. 하지만 우리의 놀이 시간은 정해져 있고, 벌써 그 시간은 다

아이의 진짜 원인을 알면 속상하지 않다

지났단다. 이건 규칙이야. 속상하겠지만 내일까지 참아야 한단다. (말을 마친 후 자리에서 일어나 앞길을 막아선 아이를 밀어내고 간다.)

아이 바보, 똥개, 이 마귀할멈아! 안 놀아. 내일 안 놀 거야. (들고 있던 공룡을 던진다.)

엄마 (아이 앞으로 다가가 아이 몸을 잡고 좀 더 단호한 어조로) 많이 실망하고 화가 났구나. 하지만 아무리 화가 난다고 엄마에게 욕을 하거나 물건을 던지면 안 된단다. 한 번 더 엄마한테 욕을 하거나 물건을 던지면 생각하는 자리에 가야 할 거야. (목소리를 부드럽게 바꾸며) 네가 얼마나 엄마랑 놀고 싶은지 안단다. 그래서 이렇게 속상한 것도 알고. 하지만 내일까지 기다려야 한단다. 내일 또 놀자! (자리를 떠난다.)

아이 (블록을 마구 던지며) 싫어, 이 돼지야!

엄마 한 번만 더 엄마한테 욕을 하거나 물건을 던지면 생각하는 자리에 가게 될 거라고 했지? 이제 그 자리로 가야겠구나. (아이가 스스로 가지 않으면 아이의 몸을 잡고 생각하는 자리로 데리고 간다.)

엄마 너는 이 자리에 5분 동안 있게 될 거야. 5분 뒤에 엄마가 올게. 그때 다시 이야기하도록 하자. (자리를 떠난다.)

토큰 경제의 효과

긍정적인 관심과 칭찬만으로 아이의 공격적인 문제행동을 다루기 힘들다면 또 한 가지 유용한 방법이 있다. 바로 '토큰 경제'를 활용하는 것이다. 아이가 좋은 행동을 했을 때 혹은 나쁜 행동을 하지 않았을 때 보상을 제공하는 것으로, 우리가 흔히 '스티커 보상법'이라고 알고 있는 방법이다.

대부분의 평범한 아이들은 칭찬을 해주거나 긍정적인 관심을 보여주면 기뻐하며 더욱 올바른 행동을 하려고 애쓴다. 하지만 ADHD(주의력 결핍 과잉행동장애) 아동이나 충동 조절에 어려움이 있는 아이, 적대적이고 반항적인 아이들은 이런 사회적 관심에 둔감한 편이어서 관심과 칭찬만으로는 행동의 변화를 기대하기가 어렵다. 이 아이들에게는 올바른 행동을 하고 순응해야겠다는 마음이 들게 하는 보다 강력한 장치가 필요하다.

보상을 주는 것이 내키지 않는다면

다른 아이들은 당연히 해야 할 일을 한 것에 대해 특별한 보상을 받지 않는데 왜 우리 아이만 그래야 하는지 묻는 부모들도 있다. 이건 어쩔 수 없는 일이다. 아이들마다 제각각이기 때문에 어떤 아이는 보상이 주어지지 않아도 부모의 말을 따르지만, 어떤 아이는 꼭 화를 내거나 보상을 주지 않으면 꿈쩍하지 않기도 한다. 만일 부모의 지시나 요구에 비협조적이고 공격적인 반응을 보이는 아이라면 화를 내고 으름장을 놓아 말을 듣게 하는 대신에 체계적인 보상 방법을 활용해보자. 보상을 통해 말을 잘 듣게 하고 문제행동을 줄일 수 있다면 아이와 부모 모두에게 좋은 일이다.

어떤 부모들은 토큰 경제에 대해 거부감을 느끼기도 한다. 물질적인 보상을 주는 것이 '뇌물' 같다고 생각하기 때문이다. 하지만 뇌물과 보상은 엄연히 다르다. 뇌물이 상대방의 불법적이고 비도덕적인 행위를 바라며 주는 것이라면, 보상은 노력하고 애쓴 만큼 대가를 주는 것이라는 점에서 매우 합리적이다. 토큰 경제에서 제공하는 보상은 노동의 대가로 받는 임금 같은 것이다. 아이들은 토큰 경제를 통해 건강한 노동의 개념을 익힐 수 있다. 즉 자신의 행동 여하에 따라 원하는 것을 얻을 수 있으며, 어려운 일을 해내고 책임을 완수할수록 더 큰 보상을 얻을 수 있음을 알게 된다.

현명한 '토큰 경제' 실천 노하우

가장 간단한 토큰 경제에 대해 알아보자. 아이가 했으면 하는, 혹은 하지 말았으면 하는 행동을 한 가지 고른다. 그리고 했으면 하는 행동을 하거나, 하지 말라는 행동을 하지 않고 참았을 경우 스티커나 플라스틱 포커 칩(단위별로 색깔이 다른 동전 같은 모양) 같은 토큰을 준다. 그렇게 일정 수의 토큰이 모아지면 보상을 준다.

이 방법을 사용할 때는 어떤 행동을 하면 토큰을 받을 수 있는지, 몇 개의 토큰을 모으면 어떤 보상을 받게 되는지를 확실히 알려주어야 한다. 어떤 부모는 막연하게 '말을 잘 들으면', '착하게 행동하면' 스티커를 붙여주고, "스티커를 많이 모으면 네가 원하는 것을 해줄게"라고 말한다. 그런데 이렇게 하면 아이와 부모가 생각하는 보상이 다를 수 있어서 나중에 큰 문제가 생길 수 있다.

몇 가지 상황을 예로 들어보자. 아이는 동생의 장난감을 빼앗지 않았으니 자신이 스티커를 얻을 수 있다고 생각했는데 엄마는 동생에게 장난감을 양보할 때 스티커를 줄 생각이었다. 또 아이는 보상으로 닌텐도를 기대했는데 엄마는 피자를 사 주는 정도로 생각할 수 있다. 이렇게 부모와 아이의 생각이 다르면 아이는 실망하고 좌절해서 더 이상 올바른 행동을 하려고 하지 않는다. 토큰 경제는 말 그대로 경제 개념을 적용한 것이기에 매우 구체적이고 명확해야 한다.

좀 더 복잡한 토큰 경제에서는 아이가 했으면 하는, 혹은 하지

아이의 진짜 원인을 알면 속상하지 않다

말았으면 하는 행동들을 5가지 이내로 골라서 각각의 행동의 가중치를 고려해 가격을 매긴다. '학교 다녀와서 인사하기'의 가격을 토큰 1개로 정한다면, '동생을 때리지 않기'는 토큰 3개로 매길 수 있다. 도표를 만들어 매일의 행동을 기록하고 그 행동에 맞는 토큰을 지급한다. 토큰으로는 구슬이나 바둑돌, 스티커, 포커 칩 등을 활용할 수 있다.

토큰으로 사용하는 물건들은 평소에 부모가 관리를 잘해야 한다. 간혹 토큰을 많이 얻고 싶은 욕심에 어린아이들은 부모 몰래 토큰으로 사용되는 물건을 빼내 자신의 토큰 수집함에 넣기도 하기 때문이다. 미취학 아이의 경우에는 눈으로 보고 만질 수 있는 구슬, 돌멩이, 포커 칩 같은 구체물을 토큰으로 사용하는 것이 효과적이다. 좀 더 큰 아이들의 경우에는 점수제를 활용할 수 있다.

아이들에게 제공되는 토큰은 '돈'의 역할을 한다. 그래서 부모는 아이들이 토큰을 모아 살 수 있는 물건이나 활동을 준비해두어야 한다. 토큰을 이용해 살 수 있는 것들이 바로 아이들에게는 '보상'이 된다. 보상이 다양하면 다양할수록 아이들의 참여는 활발해진다. 어른들이 동네 슈퍼마켓보다 대형마트에 갔을 때 눈이 더 휘둥그레지고 사고 싶은 마음이 더 커져 '돈의 필요성'을 절감하게 되는 것과 똑같은 이치다.

먹을 것, 칭찬, 놀이공원 등 보상은 다양하게

아이들에게 제공되는 보상은 다양할 수 있다. 문구류나 군것질거리와 같은 '물질 보상'이 있고, 놀이공원에 놀러 가기, 친구를 초대해 같이 자기, 저녁 메뉴 고르기, 외식하기, 아빠와 일요일에 학교 운동장에서 한 시간 동안 축구하기 등과 같은 '활동 보상'이 있다.

칭찬과 격려 같은 '사회적 보상'도 있는데 사회적 보상은 아이가 약속을 지켜 보상을 얻는 순간마다 제공되어야 한다. 아이들은 처음에는 칭찬보다 물질이나 활동 보상을 더 반긴다. 하지만 점차 칭찬과 격려, 인정을 받으면서 자신이 '꽤 괜찮은 사람'이라는 기분이 드는데, 이런 긍정적인 자아개념을 가진 아이는 보상이 주어지지 않아도 바람직한 행동을 하려고 애쓰게 된다.

행동에도 가중치가 있는 것처럼 보상에도 가중치를 적용할 수 있다. 받는 보상이 비싸거나 귀한 것일수록 아이들은 더 많은 토큰을 주고 사야 한다. 달콤한 막대사탕은 토큰 1개로 살 수 있지만, 수만 원짜리 자유이용권을 끊어야 하는 놀이공원은 토큰 100개의 값어치를 지닐 수 있다.

아이의 잘못된 행동을 토큰으로 바로잡기

아이에게 제공되는 보상을 메뉴판처럼 목록을 만들어 아이에게 보여주자. 아이는 보상을 받으려고 토큰을 얻기 위한 행동, 즉 올바른 행동을 하려는 동기가 더욱 높아질 것이다. 아이가 잘못된 행동을 하지 않고 잘 참아낸 점을 격려하기 위한 방법으로, 일정한 시간 간격을 정해서 그 시간 동안 아이가 잘못된 행동을 하지 않았다면 토큰을 주는 방법도 좋다. 예를 들어, 부모에게 툭하면 대들던 아이가 아침부터 점심때까지 그런 모습을 보이지 않았다면 3개의 토큰을, 점심때부터 저녁때까지도 말대꾸를 하지 않았다면 또 3개의 토큰을 준다. 저녁때부터 잠잘 때까지도 그랬다면 토큰 3개를 더 얻을 수 있게 한다.

가장 복잡한 토큰 경제는 '빼기'를 추가하는 것이다. 이제까지 언급한 토큰 경제에서는 아이가 약속한 행동을 하면 토큰을 주는 방식이었는데 이와 다르게 잘못된 행동을 할 경우 토큰을 빼앗아올 수 있다. 동생에게 욕을 하지 않았을 때 토큰 5개를 얻는다면, 동생을 때렸을 때는 토큰 5개를 반납하는 것이다.

보너스 토큰도 필요하다면 사용할 수 있다. 아이가 열심히 약속을 잘 지키고 있다면 아이를 격려하고 의욕을 돋우기 위해 깜짝 선물처럼 토큰을 줄 수 있다.

처음 토큰 경제를 시작할 때는 아이의 문제행동 중 한 가지에만 초점을 두어 진행하다가 점차 여러 가지 문제행동을 한꺼번에 다루는 것이 좋다.

한 가지 문제행동을 다룰 때

1. 먼저 스티커나 플라스틱 포커 칩 등 토큰으로 사용할 것을 준비한다.

2. 아이를 데리고 앉아서, 여태까지는 착한 일을 했을 때 충분히 상을 주지 못했으나 앞으로는 그렇지 않을 것이라고 이야기한다. 이제 새롭게 상을 주는 방법을 정해서 착한 행동을 하면 토큰을 받고 좋은 일이 있을 것이라고 말해준다.

3. 아이와 함께 토큰을 모아놓을 판이나 상자를 꾸민다. 스티커판(스티커를 붙여 모아놓는 판)이나 포커 칩을 보관할 저금통 등이 될 수 있다.

4. 아이에게 어떤 행동을 하면 토큰을 받게 되는지 설명해준다. 만약 아이가 식사 때마다 돌아다니는 습관이 있다면 '식사 시간이 끝날 때까지 제자리에 앉아 있기', 동생을 때리는 일이 종종 있다면 '동생 때리지 않기' 등으로 정한다.

5. 이제, 아이가 토큰으로 얻는 보상 목록을 만든다. 보상에는 특별활동(영화 관람, 놀이공원 가기, 장난감 사기)뿐 아니라 일상적인 일(TV 시청, 컴퓨터 게임, 자전거 타기, 친구 초대하기)도 포함하여 5~10가지 정도로 만든다.

6. 아이가 하루에 몇 번 토큰을 얻을 수 있는지 생각해보고, 너무 어렵지 않게 보상을 받도록 한다. 하루에 한 번 토큰을 얻는다면 적어도 보상은 토큰 1개부터 주어져야 한다.

7. 보너스를 만들어둔다. 아이가 기분 좋게, 빠르게, 혹은 어려운 상황에서 해냈다면 보너스를 얻을 수 있다고 알려준다. 보너스는 항상 주는 것이 아니라, 아이가 아주 특별히 기분 좋게, 신속히 했을 때만 준다.

8. 토큰은 약속한 그 일을 한 번 말했을 때 했거나, 혹은 정해진 시간 내에 했을 때만 받는 것이라고 아이에게 알려준다. 만일 부모가 지시를 반복하거나, 아이가 정해진 시간 내에 하지 못했다면 비록 나중에 아이가 지시를 따랐더라도 토큰은 받지 못하게 된다.

여러 가지 문제행동을 다룰 때

1. 플라스틱 포커 칩, 색깔 구슬 등 토큰으로 사용할 것들을 준비한다. 만일 아이가 만 4세에서 만 5세라면 색깔에 관계없이 모두 같은 것으로 친다. 하지만 만 6세에서 만 8세 정도만 되면 색깔에 따라 단위를 달리해서 흰색은 1점, 파란색은 5점, 빨간색은 10점이라는 식으로 계산을 할 수 있다. 구슬의 경우에도 색깔에 따라 점수를 정하면 된다. 이런 식으로 색깔에 따라 점수를 달리할 때는 포커 칩을 하나씩 메모판에 붙여놓고 그 옆에 점수를 써서 아이가 쉽게 참고할 수 있도록 한다.

2. 아이에게 여태껏 착한 일을 했을 때 충분히 상을 주지 못했

음을 설명하고, 앞으로는 그렇지 않을 거라고 말해준다. 이
제 새롭게 상을 주는 방법을 정해서, 착한 행동을 하면 토큰
을 받고 좋은 일이 있을 거라고 알려준다.

3. 아이와 함께 토큰을 보관할 수 있는 저금통을 만든다. 구두상
자, 커피 깡통, 플라스틱 병 등을 저금통으로 사용할 수 있다.
아이와 함께 저금통을 재미있게 꾸미는 활동을 해보는 것도
좋다.

4. 토큰으로 얻을 수 있는 보상 목록을 만든다. 이 보상 목록에
는 가끔의 특별한 활동(영화 관람, 스케이트 타기, 장난감 사기)뿐 아
니라, 아이가 당연하게 여기는 일상적인 일(TV 시청, 오락 게임,
집에 있는 특별한 장난감 가지고 놀기, 자전거 타기, 친구 집에 가기)도 포함
된다. 적어도 10가지 이상, 대략 15가지 정도가 보상 목록으
로 적당하다.

5. 아이가 실행해야 하는 일이나 잔심부름의 목록을 작성할 차
례다. 토큰 경제를 처음 시작할 때는 아이가 하기에 매우 힘
든 일보다는 간단한 집안일이나 그리 어렵지 않게 할 수 있
는 일상생활의 기본적인 일부터 하는 게 좋다. 저녁상 차리
는 일 돕기, 밥 먹고 식탁 치우기, 방 청소, 정리정돈, 쓰레기
버리기, 학교에 입고 갈 옷 준비하기, 잠자리 준비하기, 세수
하기, 목욕하기, 이 닦기 등이 될 수 있다. 이런 일들을 통해
보상과 칭찬을 받는 경험을 하면 동기부여가 생기면서 좀 더

어려운 행동도 해보려고 시도하게 된다.

6. 각각의 일이 몇 점의 가치가 있는지 점수를 매긴다. 대략 만 4세에서 만 5세 아이들에게는 대개 1~3점의 점수를 주고, 아주 큰일을 했을 때는 5점을 준다. 만 6세에서 만 8세 아이들에게는 1~10점을 주고, 아주 큰일을 했을 때는 더 많은 점수를 줄 수도 있는데, 어려운 일일수록 점수를 더 많이 주도록 한다.

7. 아이가 보통 때 할 일을 다 하면 대략 몇 점이나 얻는지 계산해보고, 보상을 얻기 위해 아이가 지불해야 하는 토큰이 몇 개씩인지를 결정한다. 대개 아이가 매일 받는 토큰의 3분의 2는 흔한 일상적 권리(TV 시청, 게임하기 등)를 누리는 데 쓰일 수 있게 하며, 특별한 보상을 얻기 위해서는 매일 받는 토큰의 3분의 1을 저축하도록 구성한다.

8. 아이에게 잔심부름을 빠르고 기분 좋게 하면 보너스 토큰을 얻을 수 있다고 알려준다. 보너스는 항상 주어지는 게 아니고, 아이가 아주 특별히 기분 좋게, 신속히 일을 했을 때만 주어진다는 점을 확실히 알려준다.

9. 토큰은 한 번 지시했을 때 바로 따라야 받을 수 있는 것이며, 만일 지시가 반복된 후에 아이가 일을 수행한다면 지시에 따랐어도 칩은 받지 못하게 된다.

10. 토큰 경제를 시작한 첫 주에는 아이의 작은 행동에도 칩을

우리 ○○이 토큰 모으기

이름 : ○○○   일시 : 2021. xx. xx.

- ● 이런 행동을 하면 토큰을 얻을 수 있어요!
  - • 학교 다녀와서 저녁 식사 전까지 숙제하기 : 토큰 5개
  - • 게임 시간 지키기(하루 30분) : 토큰 5개
  - • 돌아다니지 않고 밥 먹기 : 토큰 3개
  - • 벗어놓은 옷 빨래통에 집어넣기 : 토큰 2개

- ● 메뉴판(토큰으로 살 수 있는 것들)
  - • 토큰 5개 : 마이쮸 1개
  - • 토큰 10개 : 아이스티 1잔
  - • 토큰 15개 : 20분 동안 유튜브 보기
  - • 토큰 20개 : 후식으로 아이스크림 먹기
  - • 토큰 25개 : 30분 동안 아빠와 자전거 타기
  - • 토큰 35개 : 30분 동안 엄마와 놀기
  - • 토큰 50개 : 영화 보기
  - • 토큰 70개 : 영화관 가기(팝콘과 음료수 포함)
  - • 토큰 100개 : 외식하기(메뉴를 정할 수 있음)
  - • 토큰 150개 : 쇼핑하기(2만 원 이내의 장난감이나 물건을 살 수 있음)
  - • 토큰 200개 : 놀이공원 가기

토큰 계약서

○○이가 위의 행동을 할 때마다 엄마(아빠)는 약속한 만큼의 토큰을 주어야
하며, ○○이는 토큰으로 메뉴판에 있는 것들을 살 수 있습니다.

자녀 : ○○○ _____(서명)

부모 : ○○○ _____(서명)

주려고 노력해야 한다. 보상 목록에 없는 일이라도 착한 행동을 하면 보너스 점수를 줄 수 있다. 아이에게 보상을 줄 수 있는 기회를 가능한 한 많이 제공해야 하며, 첫 주에는 아이가 잘못을 했더라도 칩을 빼앗지 않도록 한다.

11. 3주 동안 잘 진행된다면 약간의 변형을 시도할 수 있다. 아이가 잘못된 행동을 했을 때는 칩을 뺏는다.

더 큰 아이들은 점수제로

앞서 좀 더 큰 아이들의 경우에는 점수제를 사용해볼 수 있다고 했다. 점수는 어떤 식으로 매기면 좋을까?

1. 노트 한 권을 준비해서 날짜, 항목, 예입, 지급, 잔액을 적을 수 있도록 다섯 칸으로 나눈다. 아이가 점수로 보상을 받을 때 '항목'란에 아이가 한 일을 적고, '예입'란에 얻은 점수의 양을 기입한다. 그리고 예입액을 '잔액'란에 더해 넣는다. 가계부를 적는 것처럼 하면 된다. 아이가 점수로 보상을 받을 때는 그 보상의 내용을 '항목'란에 기록하고, '지급'란에 점수의 양을 적은 다음, 그만큼을 '잔액'란에서 공제한다. 여기서는 포커 칩을 사용하는 대신 노트에 점수를 기록한다는 점만 다르다.

○○이의 점수 모으기

자녀 : ○○○ _____ (서명)
부모 : ○○○ _____ (서명)

- 이런 행동을 하면 점수를 얻을 수 있어요!
  - 스스로 목욕하기 : 10점
  - 숙제하기 : 10점
  - 자기 방 정리하기 : 8점
  - 식탁 차리기(물컵, 수저 놓기) : 5점
  - 동생을 때리기 : -10점
  - 욕하기 : -10점

- 메뉴판(얻은 점수로 살 수 있는 것들)
  - 20점 : TV 만화 1편 보기
  - 30점 : 닌텐도 30분 하기
  - 50점 : 친구와 1시간 놀기
  - 80점 : 아빠와 1시간 동안 축구 하기
  - 100점 : 아빠가 의자 만들 때 돕기
  - 150점 : 만화책 사기
  - 200점 : 친구를 초대해 하룻밤 자기
  - 250점 : 프로야구 관람하기
  - 350점 : 여행하기(펜션에서의 하룻밤)

날짜	항목	예입	지급	잔액
2021년 ×월 ×일	식탁 차리기(수저, 물컵 놓기)	5	0	5
	자기 방 정리하기	8	0	13
	숙제하기	10	0	23
2021년 ×월 ×일	(★보상) TV 만화 시청		20	3

2. 아이가 해야 할 일의 목록과 보상 목록을 만든다. 아이에게 왜 점수제를 시행하는지도 설명해준다.

3. 아이가 한 각각의 일에 대해 몇 점을 줄지를 정할 때, 대부분의 일상적인 일에 대해서는 5~25점을, 아주 대단한 일에 대해서는 200점까지 준다. 시간이 걸리는 일이라면 15분마다 15점씩 준다고 생각하면 된다.

4. 그다음 아이가 하루에 해야 할 일들을 하고서 얻을 수 있는 점수를 모두 더한다. 이 점수를 가지고 각각의 보상에 얼마나 많은 점수를 부과해야 할지를 결정한다. 아이가 특별한 보상을 얻으려면 매일 얻는 점수의 3분의 1은 저축해야 한다.

토큰 경제를 활용할 때 고려해야 할 점

만 3세 이하의 아이들에게는 토큰 경제를 사용하기를 권하지 않는다. 이 아이들은 아직 점수, 칩, 돈의 의미를 이해할 능력이 되지 않는데다 수 개념에 대한 이해력도 부족하기 때문에 토큰 경제가 별 효과를 발휘하지 못한다. 만 4세에서 만 7세 아이들에게는 포커 칩 등을 이용하는 방식을, 만 8세 이상의 아이들에게는 점수를 주는 방식을 권한다.

토큰 경제에서 사용할 만한 보상은 매우 다양하지만, 아이에게 당연히 주어야 하는 음식, 옷, 학용품이나 학교 준비물 같은 필수품을 보상으로 하면 안 된다. 돈을 보상으로 제공할 수도 있는데, 이때 아이가 자신이 모은 칩을 모두 현금으로 교환하지 못하도록 일주일 단위로 돈으로 바꿀 수 있는 칩의 양을 정해놓아야 한다.

토큰의 양에 따라 부모가 보상으로 제공할 수 있는 것들은 다음과 같다.

- 적은 양의 **토큰**으로 할 수 있는 것 : TV 시청하기, 컴퓨터 게임 하기, 음악 듣기, 자전거 타기, 친구 집에 놀러 가기, 저녁 식사 후 특별한 후식 먹기
- 중간 양의 **토큰**으로 할 수 있는 것 : 보통 때는 보지 못하는 특별한 영화나 TV 프로그램 보기, 친구 집에서 자기, 아이가 해보고 싶어 하는 일을 부모가 할 때 돕기(빵 굽기, 요리하기, 목공 작업)
- 많은 양의 **토큰**으로 할 수 있는 것 : 외식하기, 영화 보러 가기, 가게에서 물건 사기, 여행 가기, 친구들과 파티하기, 놀이공원 가기

매달 할 일과 보상 목록을 검토해서, 필요하다고 생각될 때는 목록에 새로운 것을 추가할 수 있다. 아이가 원하는 새로운 보상이 있는지 이야기를 나눠보고 참고하면 좋다. 어떤 아이는 당장의 보상을 얻으려고 해야 할 일을 다 끝내기도 전에 앞으로 잘하겠다, 곧 하겠다며 먼저 토큰이나 점수를 달라고 요구하기도 한다. 부모는 이런

요구를 거절해야 하며, 반드시 아이가 그 일을 해낸 후에만 주어야한다. 한편 말을 잘 따르는 아이에게는 미루지 말고 가능한 한 빨리보상을 주어야 한다. 아이가 착한 행동을 해서 토큰이나 점수를 줄때는 환한 미소를 지어주고, 좋은 행동을 한 점에 대해 부모가 얼마나 기뻐하는지를 꼭 말해주자.

타임아웃, 흥분을 가라앉히는 시간

아이가 규칙 위반에 따른 벌칙을 순순히 받아들인다면 별 문제가 생기지 않는다. 하지만 벌칙을 받아들이지 않거나 잘못된 행동을 멈추게 하려는 부모의 제한에 극렬히 반항한다면 그럴 때는 어떻게 대처해야 할까?

발로 차고 때리고 욕을 하며 주변의 물건을 던지는 등 심각한 공격적 행동을 할 때 부모는 무력감과 함께 분노감을 느낀다. '이 아이는 진정 말로는 다스릴 수 없는 아이인가?'라는 생각이 들면서 말이다. 말로 훈육할 수 없다고 느낄 때 부모가 꺼내드는 카드는 바로 '힘'을 사용하는 것이다. 강한 힘으로 아이를 제압하고 공포감을 유발해 굴복시키거나, 아이에 대한 실망감과 분노감을 아이를 때리는 것으로 푼다. 그러나 이런 방식의 훈육은 '아동학대'가 된다.

아이가 지나치게 흥분해서 과격하게 행동한다거나, 반대로 부모가 흥분해서 아이에게 소리치고 때리고 싶다는 생각이 들 때는 부모와 아이 모두에게 '타임아웃'이 필요하다. 지나치게 흥분한 상황에서 잠시 벗어나는 시간을 갖는 것이다. 머리가 뜨거워지면 잠시 시원한 바람을 쐬어 진정시켜야 하듯, 감정과 행동을 조절하기 어려울 때는 진정할 시간을 가져야 이성적으로 판단할 수 있고, 그래야 자기조절이 가능하다.

문제 상황에서 아이를 떼어놓기

부모 자신을 위한 타임아웃은 2장의 '부모가 마음의 평온을 되찾는 방법'을 참고하면 된다. 아이를 위한 타임아웃은 여러 가지 형태가 있다. 기본 원리는 아이가 적절하게 행동하는 방법을 찾을 때까지 문제 상황에서 아이를 떼어놓는 것이다.

아이가 욕하거나 화나서 때리면 부모는 그 행동을 말리려는 여러 행동을 하게 된다. 그런데 도리어 부모의 행동이 아이의 공격성을 강화할 때가 있다. 자세히 말하면, 아이의 이름을 부르고 아이의 몸을 잡고 계속 잔소리하는 부모를 보며 아이는 비록 부정적이기는 하지만 부모의 관심을 받는다고 생각해 공격적인 행동을 멈추지 않는다. 자신의 떼 부림에 당황해서 어쩔 줄 몰라 하는 부모의 모습에 아이는 자신이 '강한 사람'이 된 것 같아 그 행동을 계속하기도 한다. 또 자신의 행동을 그만두게 하려고 부모 역시 화내고 때리는 행동을 하면 아이는 마음속으로 '역시 저렇게 세게 나가는 게 가장 좋은 문제해결 방법이야'라고 생각할 것이고, 그래서 아이는 갈등이나 욕구를 해결해야 할 상황이 생기면 공격적인 방식을 선택할 가능성이 높아진다.

따라서 부모는 공격성이 이처럼 강화되지 못하도록 흥분된 상황으로부터 아이를 떼어놓아야 한다. 일정 시간 자기 방에 가 있거나 집 안의 특정 장소에서 적절한 행동을 할 준비가 될 때까지 머물도록 하는 것이다.

이 과정을 처음 시도할 때는 많은 우여곡절을 겪는다. 아이는 타임아웃 상황에서 벗어나기 위해 강하게 저항하며 발버둥칠 것이며, 이 과정에서 부모는 '때릴까?', '심하게 화를 낼까?', '그냥 내버려둘까?' 같은 여러 유혹에 시달릴 것이다. 이처럼 타임아웃은 아이뿐 아니라 부모에게도 커다란 도전이 되는 작업임이 분명하지만 몇 차례 어려움을 극복하면 가정에 평안을 가져다주고 아이의 자기조절력을 증진시키는 좋은 방법이 된다.

어떻게 하면 타임아웃을 효과적으로 사용할 수 있을까? 먼저 타임아웃을 제대로 실행하기 위해서는 마음의 준비부터 해야 한다. 잘못된 행동을 멈추게 하려는 부모의 지시에 아이가 따르지 않을 경우 어떤 결과를 얻게 되는지 아이에게 확실히 알려주겠다고 마음을 다잡아야 한다. 아이의 떼 부림이나 반항에 무력해지거나, 열댓 번을 계속 지시하고 사정해서 말을 듣게 하겠다는 마음이라면 아예 타임아웃을 시작하지 않는 편이 낫다. 처음 타임아웃을 할 때는 아이들의 저항이 만만치 않으므로 부모가 마음을 다잡지 않으면 이 과정을 견디기 어렵다.

마음의 준비를 마쳤다면 타임아웃을 실시할 장소를 고른 후 타임아웃 4단계를 따르면 된다.

타임아웃 장소

타임아웃을 하기 위한 장소로 가장 좋은 곳은 의자다. '생각하는 의자'라는 그럴듯한 이름으로 부를 수도 있다. 타임아웃을 위해 사용할 만한 의자는 푹신한 소파가 아닌 등받이가 곧은 식탁의자 같은 것이 좋다.

타임아웃 의자는 부모가 집안일을 하면서도 아이를 감시하기 편리한 곳에 놓아야 한다. 거실이나 주방의 구석, 복도 중간이 좋다. 벽장이나 화장실처럼 아이가 공포심을 느낄 만한 작고 폐쇄된 공간은 안 되며 놀잇감이나 동화책이 있는 방도 피해야 한다. 의자는 벽쪽을 향해 놓되 아이가 발이나 손으로 벽을 치지 못하도록 거리를 두어야 한다. 주변에는 아이가 갖고 놀 수 있는 물건을 치워두어야 하며 TV도 볼 수 없어야 한다. 자신이 문제행동을 하면 이 의자로 갈 수 있다는 점을 상기시키기 위해 '타임아웃 장소'로 정한 의자는 2~3주 동안은 항상 같은 곳에 놓아두는 게 좋다.

타임아웃 장소로 방을 사용할 수도 있는데, 이때는 방에 있는 장난감이나 다른 놀이도구들은 전부 치워야 한다.

타임아웃 1단계 : 지시하기

1단계에서는 사무적인 말투로 아이에게 지시를 한다. 그리고 왜 그래야 하는지 간단히 이유를 말해준다.

"장난감을 던지는 것을 멈춰. 장난감이 부서지거나 누가 맞을까 봐 걱정돼."

선택의 여지없이 아이가 당연히 해야 할 일을 시킬 때는 괜히 이리저리 돌려 말하지 말고 "~를 해라" 하고 명령하면 된다. "장난감을 예쁘게 담으면 좋겠는데", "그러면 장난감이 망가지겠다", "이거 좀 치울까?"처럼 애매모호하거나 부탁하는 식의 말이 되어서는 안 된다. 명확하게 제한을 설정해주고 그 행동은 반드시 지켜야 하는 것임을 분명히 해야 한다. 명령조로 말한다고 해서 화를 내거나 윽박지르듯이 말하라는 뜻은 아니다. "당장 멈추지 못해!"라고 흥분해서 말하면 오히려 아이를 자극해 더욱 반항적인 행동으로 이끌 수 있다. 별다른 감정이 묻어나지 않는 사무적인 목소리로 그냥 말하면 된다.

말을 한 후 5초 정도 기다려준다. 아이에게도 행동하기 전에 생각할 시간이 필요하다. 너무 오래 기다려주는 것은 좋지 않다. 5초

정도면 충분하다. 처음에 지시할 때는 아이가 들을 수 있게 큰 소리로 5부터 1까지 세어주어, 부모의 말을 따라야 할 시간이 얼마 남지 않았음을 알게 해준다.

하지만 이렇게 소리 내어 수를 세는 일을 계속할 필요는 없다. 숫자 세는 일에 아이가 익숙해지면 즉시 할 수 있는 일도 부모가 마지막 '1'을 세어야 시작하기 때문이다. 아이가 부모의 지시에 어느 정도 따르는 단계가 되었다면, 지시한 후 소리 내어 수를 세는 대신 마음속으로 5초를 세도록 한다.

타임아웃 2단계 : 경고하기

5초가 지났는데도 아이가 지시를 따르지 않는다면 타임아웃을 받게 될 것임을 경고한다.

"장난감을 던지는 걸 멈춰. 내가 말한 대로 하지 않으면, 너는 저 의자에 가서 앉아 있게 될 거야."

2단계에서 부모는 좀 더 단호한 모습을 보여주어야 한다. 아이의 눈을 똑바로 보며 1단계 때보다 좀 더 큰 목소리로 또박또박 힘주어 말하면서 타임아웃 의자가 놓인 곳을 손가락으로 가리킨다. 1단계와 마찬가지로 부모는 소리를 지르거나 화를 내지 않지만 1단계에 비해 훨씬 진지하고 결연한 태도를 보여야 한다. 아이에게 '지금 엄마는 꽤 진지하게 이 문제를 대하고 있어. 만일 네가 엄마 말을 들지 않으면 엄마는 말한 대로 반드시 실행할 거야'라는 굳은 의지가 전달되어야 한다. 아이에게 경고를 한 후, 부모는 5부터 1까지 소리 내어 센다. 1단계와 마찬가지로 어느 정도 익숙해지면 소리 내지 않고 1까지 세도록 한다.

타임아웃 3단계 : 타임아웃 장소로 데려가기

5를 다 세었는데도 부모의 지시를 따르지 않는다면 아이를 타임아 웃 장소로 데리고 간다.

"엄마 말을 듣지 않았으니, 이제 저 의자로 가자!"

많은 아이들이 처음에는 스스로 타임아웃 장소로 가지 않는다. 아이가 가지 않으려고 저항한다면 아이의 팔이나 손목을 꽉 잡고 데 리고 가야 한다. 심하게 저항한다면 아이를 꼭 붙잡거나 안아 올려서 데리고 간다. 아이를 타임아웃 의자에 아이를 앉힌 다음 엄한 목소 리로 "엄마가 일어나라고 할 때까지 여기 앉아 있어!"라고 말해주자.

어떤 아이들은 2단계까지는 말을 듣지 않다가 부모가 타임아 웃 의자로 데려가려 하면 그제야 말을 듣겠다고 약속하거나 얼른 부 모가 지시한 것을 한다. 이렇다 해도 부모는 타임아웃을 진행해야 한다. 모든 일에는 적절한 '때' 혹은 '타이밍'이라는 것이 있다. 아이 가 지시를 따르기 시작했을 때는 이미 '늦은' 것이고, 이에 따른 벌을 받아야 한다. 자기 기분 내킬 때 부모의 말을 따르는 것은 순응 행동이라 볼 수 없다.

　말을 듣겠다는데도 자신을 타임아웃시키려는 부모에 대해 아이들은 거세게 저항하며 억울해할 수 있다. 이럴 때 부모는 이렇게 말해주며 타임아웃을 실시한다.

　"엄마 말을 듣겠다고 하니 엄마도 정말 기쁘구나. 하지만 엄마가 해야 한다고 했을 때 하지 않았으니 의자에 앉아 있어야 해."

　이러면 아이는 부모를 '말한 대로 행동하는 사람'이라고 여기면서 이후 부모의 말에 보다 빨리 반응하게 된다.

　타임아웃 의자에 앉히는 일은 그 자체로 어렵다. 의자에 앉혔지만 허락 없이 다시 일어나려는 아이를 다루는 가장 좋은 방법은 부모가 의자 뒤쪽에 서서 아이의 팔을 의자 뒤로 돌려서 꽉 잡는 것이다. 부모가 아이의 오른편에 무릎을 꿇고 앉아서 한 팔로 아이의 가슴을 안고, 다른 팔은 의자 등 뒤로 놓아 양손을 마주 잡고 움직이지 못하게 하는 방법도 있다. 그러는 동안 부모는 최대한 차분한 말투로 아이를 다치게 하려는 게 아니며, 의자에서 일어나지 않으면 풀어줄 것이라고 말해준다.

　의자 대신 방을 타임아웃 장소로 사용하는 것도 대안이 될 수 있다. 이때 방에 있는 모든 놀잇감을 치워서 아이가 방 안에 있는 동안 갖고 놀 만한 것이 없어야 한다. 방문을 열어둔 채로 있어도 되지만, 만일 아이가 방에서도 탈출하려 한다면 타임아웃을 확실히 하기 위해 필요에 따라 방문을 닫거나 잠가두어야 한다.

타임아웃 시간 동안에는 아이와 논쟁을 하지 말아야 한다. 가족 누구도 아이에게 말을 걸어서는 안 된다. 부모는 하던 일을 마치기 위해 돌아가도 좋지만 아이가 의자에서 무엇을 하는지 지켜봐야 하기 때문에 아이를 볼 수 없는 곳으로 가면 안 된다.

타임아웃 4단계 : 약속하기

아이는 타임아웃 의자에 앉아 규칙 위반에 대한 최소한의 벌로 일정 시간을 보낸다. 아이가 조용해지면 부모는 아이에게 아까 지시했던 사항을 따르겠다는 약속을 받는다.

"이제 시킨 대로 하겠니?"

"앞으로 강아지를 발로 차면 안 돼. 그러지 않겠다고 약속해."

아이들이 지시를 따르지 않고 규칙을 위반해서 받는 벌은 얼마큼의 시간 동안 지속되어야 할까? 그 시간은 아이의 나이에 1~2분을 곱하는 정도가 적당하다. 가벼운 잘못이나 약한 문제행동은 1분, 심한 문제행동은 2분으로 곱한다. 만 4세 아이라면 문제행동의 정도에 따라 4분에서 8분간 벌을 받게 된다.

타임아웃 의자에서 최소한의 벌을 주게 되면 부모는 아이에게 다가가 지시를 따르겠다는 약속을 받아내야 한다. 처음 타임아웃을 경험한 아이들의 상당수가 부모가 다가오면 칭얼대며 불평하거나 화를 내고 울기도 한다. 이런 상태에서는 제대로 된 대화가 이루어질 수 없다. "네가 조용히 하지 않으면 엄마는 다시 갈 거야!"라고 말하고 자리를 떠나자. 어떤 아이들은 곧 조용히 하지만, 또 어떤 아이들은 한두 시간 동안 화를 내며 저항하기도 한다. 하지만 다행스럽게도 이후 저항 시간이 크게 줄어든다. 이 과정에서 아이들은 빨리 조용히 할수록 자신에게 이롭다는 것을 경험으로 배우기 때문이다.

아이가 조용해지면 부모는 아이에게 지시를 따르겠다는 동의를 받아야 한다. 장난감을 치우라는 말을 듣지 않아서 타임아웃 의자에 앉은 것이라면 장난감을 치우겠다고 약속을 해야 한다. 누군가를 때렸거나 동생에게 욕을 한 것이라면 다시는 그런 행동을 하지 않겠다고 약속해야 한다. 약속을 하면 아이는 타임아웃 의자를 떠날 수 있다. 아이가 약속을 지키는 행동을 하면 중립적인 목소리로 "엄마의 말을 따라주니 기쁘구나"라고 말해주자. 이후 아이가 적절한 행동을 할 때마다 칭찬해주어, 부모가 무조건 아이에게 화를 내는 것이 아니라 잘못된 행동을 할 때 화를 낸다는 사실을 알게 해주자.

그래도 아이가 말을 듣지 않는다면

만일 아이가 계속해서 지시를 따르지 않겠다고 하면 "좋아. 그럼 엄마가 일어나라고 할 때까지 계속 거기에 앉아 있어!"라고 말한다. 지시에 따르겠다고 약속했지만 문제행동을 다시 할 경우에는 1, 2단계를 건너뛰고 바로 3단계로 진행하며 타임아웃 의자로 보낸다. 아이는 일정 시간의 벌을 받은 후, 지시에 따르겠다는 약속을 해야 한다. 아이가 말을 따르겠다고 약속하거나 문제행동을 하지 않을 때까지 이 과정은 반복된다.

타임아웃을 피하려고 아이들이 하는 행동

"오줌 쌀 것 같아요!"
화장실이 급하다며 의자에서 일어나거나 도망가려 한다. 대부분의 아이들은 싸버리겠다는 협박에만 그칠 뿐 실제로 싸지는 않지만 반항심이 큰 아이들은 행동으로 옮기기도 한다. 정말로 아이가 의자에서 소변을 보더라도 정해진 타임아웃 시간을 채우고 지시를 따르겠다는 약속을 할 때까지 그 자리를 벗어나지 못하게 해야 한다. 타임아웃 종료에 필요한 조건을 다 채운 후, 아이에게 자신이 더럽힌 장소를 직접 청소하고 옷을 갈아입게 하면 된다. 중간에 화장실에 가는 것을 허락하면 아이는 타임아웃을 할 때마다 소변을 핑계로 화장실에서 놀다 올 것이다.

"엄마, 미워! 엄마는 날 사랑하지 않지?"
이런 말을 들으면 괴로움과 당황스러움, 미안함을 느끼며 타임아웃을 흐지부지 끝내는 부모도 있다. 이런 말이 부모를 감정적으로 힘들게 하는 것임을 아는 아이는 '애정'과 '죄책감'을 무기로 부모를 조종한다. 아이가 그렇게 말할 때 "아니야, 엄마가 널 얼마나 사랑하는데, 지금 엄마가 이러는 건~"이라는 말로 애정을 확인해주거나 설명할 필요는 없다. 타임아웃 중인 아이에게 지속적으로 관심을 기울이면 이후 아이는 타임아웃 때마다 부모에게 불평불만을 늘어놓을 것이다.

"나, 아파! 토할 것 같아!"
두통, 복통, 감기, 구토 등의 증상을 호소하며 부모에게 겁을 주는 아이들도 있다. 아이가 타임아웃 전부터 몸이 아팠던 게 아니라면 이런 호소는 화장실에 가고 싶다는 아이를 다룰 때와 같이 무시하면 된다.

아이의 진짜 원인을 알면 속상하지 않다

◆

CHAPTER 10

세게 행동해야
원하는 걸 얻는다고
생각하는 아이

"이래야 원하는 걸 얻을 수 있어요!"

심리학에서 '강화'는 행동의 발생 빈도를 높이는 것을 뜻한다. 만일 아이가 자신이 원하는 것을 차지하기 위해 때리고 물고 할퀴며 위협을 가했고, 그 결과 원하던 것을 차지하게 되었다면 아이는 '역시 이렇게 행동하길 잘했어!'라고 생각할 것이다. 물론 이후에도 원하는 것을 얻으려고 유사한 행동을 할 가능성이 높다. 이런 경우를 가리켜 아이의 공격적인 행동이 '강화' 받았다고 한다. 강화는 아이들의 공격성을 형성하고 유지시키는 데 중요한 역할을 한다.

아이들이 학습하는 공격성의 힘

나름 세게 행동해서 하기 싫은 일을 피하게 되었을 때도 아이는 그렇게 행동하는 게 효과가 있다고 생각한다. 이 역시 강화를 받은 경우다. 학원에 가기 싫어서 물건을 집어던지고 화를 냈더니, 그사이 셔틀버스를 놓치게 되어 학원에 가지 못했다면 아이는 학원에 가기 싫어질 때마다 물건을 집어던지고 화를 낼 수 있다.

또 자신의 공격적인 행동을 계기로 친구들이나 어른들이 자신이 바라는 대로 행동할 때도 공격성은 강화된다. 예를 들어, 유치원에서 원하는 놀이를 계속하겠다며 다음 수업으로 이동하기를 강하게 거부하며 화를 내는 아이에게 선생님이 "아휴, 참! 알았어. 넌 그럼 여기서 놀고 있어"라고 말한다면 어떨까? 이렇게 아이의 요구를 들어주면 이 아이는 앞으로 자신이 하고 싶지 않은 활동을 해야 할 때마다 떼 부림과 저항을 계속하게 된다. 그리고 이런 모습을 지켜본 다른 아이들 역시 원하는 것을 얻는 매우 효과적인 방법으로 '공격성'을 배우게 된다.

공격적인 행동이 자존감으로 이어진다?

세게 저항하고 화내는 행동을 통해 지속적으로 보상을 받으면 아이는 그렇게 행동하는 자신을 '힘 있는 존재'라고 여겨 자존감이 높아진다. 자존감은 자신이 가치 있다고 생각하는 영역에 대한 평가를 기반으로 한다. 그러므로 '상대를 제압하는 힘'이 가치 있다고 생각하는 아이는 '무서운 아이', '건들면 안 되는 아이'라는 악명을 얻을수록 자존감이 높아지고 공격성도 물론 증가한다.

원하는 것을 얻거나 하기 싫은 일을 피하려고 시작한 공격적인 행동이 자존감으로 이어지면 필요하지 않을 때도 수시로 공격적인 행동을 할 수 있다. 이런 식의 공격성은 폭력집단에서 흔히 발견되며, 소위 갑질을 한다는 일부 권력자들에게서도 엿볼 수 있다. 참으로 낮은 수준의 도덕적 가치관을 지닌 사람들이라 할 수 있다.

부드럽고 평화로운 행동을 이끌어내는 법

앞에서 아이가 자신의 공격적인 행동을 통해 원하는 것을 얻으면 앞으로도 어떤 욕구를 충족하기 위한 수단으로 공격적인 행동을 행사할 가능성이 높다고 했다. 또한 자신이 그런 행동을 했을 때 부모가 놀라서 뒤로 물러서거나 친구가 양보하고 겁먹는 모습을 보면 아이는 자신의 힘을 과시하기 위해 더 공격적인 모습을 보일 수 있다. 이를 막기 위해 부모는 다른 사람을 공격하는 행동은 결코 용납되지 않는 것이라고 확실하게 가르쳐야 하며, 공격적인 행동으로 원하는 것을 얻을 수 없도록 해야 한다. 또 부드럽고 평화로운 방식으로 관심과 보상을 주어, 아이가 공격적인 행동을 포기하고 보다 사회적으로 적절하게 행동하는 법을 선택하도록 이끌어주어야 한다.

무시하기

아이가 관심을 끌기 위한 수단으로 거칠고 반항적인 행동을 한다면 가장 좋은 방법은 무시하는 것이다. 물론 심각한 수준의 행동은 무시할 수 없고, 무시되어서도 안 되지만 가벼운 정도의 떼 부림, 빈정거림 등은 무시하는 것으로 해결할 수 있다. 어른에게 혀를 날름거리며 "메롱"이라고 하는 아이가 있다면 역정을 내기보다는 고개를 돌려버리는 게 낫다. 아이가 흥미를 잃어서든, 다른 것에 정신이 팔려서든 더 이상 "메롱"을 하지 않을 때 아이에게 다가가 관심을 준다. 부적절한 행동을 할 때는 관심을 받을 수 없다는 점을 경험하게 하는 것이다.

하지만 사소한 문제행동이라도 반복해서 할 때는 무시하는 방법 대신 토큰 경제나 타임아웃을 활용해 해결해야 한다.

양립불능─반응기법

양립불능─반응기법이란 말이 좀 거창하긴 하지만, 쉽게 말하면 좋은 행동은 칭찬해주고, 부적절한 행동은 무시하는 것이다. 즉 공격성과 양립할 수 없는 '협동'이나 '공유', 친절하고 예의바른 행동, 순응행동은 강화해주는 한편, 공격적인 행동은 무시한다. 아이가 말을 밉게 할 때는 반응을 해주지 않고, 말을 예쁘게 할 때는 칭찬해준다. 또

아이의 진짜 원인을 알면 속상하지 않다

친구를 도와주거나 줄서는 일을 잘 지킬 때는 인정과 칭찬의 말을 해주고, 친구를 때릴 때는 타임아웃을 사용하고 관심을 주지 않는다.

그럼 어른에게 "메롱" 하는 아이에게 양립불능-반응기법을 적용해보자.

아이 메롱! 약 오르지?

엄마 ……. (무시한다.)

아이 엄마, 바보, 똥개!

엄마 ……. (무시한다.)

아이 엄마, 엄마는 바보래요. 똥꾸빵꾸!

엄마 ……. (무시한다.)

아이 엄마…….

엄마 (아이 쪽으로 몸을 돌리며) 그렇게 예쁘게 엄마를 불러주네. 우리 아들이 예쁘게 엄마를 불러주니 엄마 기분이 참 좋다. (머리를 쓰다듬어준다.)

어떤 부모는 아이를 칭찬해주고 싶어도 도대체 칭찬받을 만한 행동을 하지 않으니 이 방법을 사용할 기회 자체가 없다고 하소연하기도 한다. 어쩌면 좋은 행동의 기준을 너무 높이 세워놓은 건 아닐까? 하루 종일 나쁜 행동만 하는 아이는 없다. 아이를 자세히 살펴보면 나쁘지 않거나 꽤 괜찮은 행동을 하기도 한다.

부모는 사소한 것일지라도 아이가 바람직하게 행동했거나 전에 비해 나아진 행동을 했다면 그 일에 대해 적극적이면서도 구체적으로 칭찬과 격려를 해주어야 한다.

"엄마 말대로 따라주니까 참 좋구나."

"그네를 타기 위해 오랜 시간을 잘 참고 기다렸구나."

이런 식으로 아이의 행동에서 찾은 긍정적인 면들을 아주 구체적으로 말해주면 된다. 아이가 했으면 하는 행동과 조금이라도 가까운 것이라면 칭찬해준다. 동생의 물건을 자주 뺏는 아이가 자기가 별로 좋아하지 않는 슈크림 빵을 동생에게 건넨다면 "으이그, 네가 먹기 싫으니까 준 거지?"라고 말하기보다는 "동생에게 빵을 나눠줬구나. 정말 친절한 형이야!"라고 말해주는 요령도 필요하다.

칭찬노트의 힘

"칭찬은 고래도 춤추게 한다"는 말처럼 칭찬이 지닌 효과는 그야말로 강력하다. 평소에 부모의 말을 듣지 않아 자주 야단과 지적을 받은 아이는 자기도 모르게 '나는 나쁜 아이야. 나는 말을 안 듣는 아이야'라는 부정적인 자아상을 가지게 되어 스스로 바람직한 행동을 하려고 노력하지 않는다. 또 '엄마, 아빠는 내가 착한 행동을 해도 알아주지 않을 거야'라며 부모에 대해 부정적인 기대를 가진 아이들 역시 굳이 귀찮고 번거로운 착한 행동을 하지 않는다. 그 대신 부모와 주변 사람들을 힘들게 하고 곤란하게 하는 문제행동을 할 가능성이 높다. 반면 평소에 좋은 칭찬을 자주 받은 아이는 자신에 대해 '좋은 아이, 도덕적인 아이'라는 자아상을 갖고 있어서 누가 시키거나 보상을 주지 않아도 스스로 좋은 행동을 하려고 애쓴다.

자, 이제부터 작정하고 아이의 작은 행동도 칭찬해주도록 하자.

칭찬노트를 사용하면 효과적이다. 그 방법을 다음과 같이 소개한다.

1. 작은 노트를 준비한다.
2. 아이의 작고 사소한 행동이라도 좋은 점이나 칭찬할 거리가 있다고 생각되면 노트에 적는다. 엄마의 양손에 짐이 들려 있을 때 아이가 엘리베이터 버튼을 눌렀다면 이렇게 노트에 적는다. "엄마가 엘리베이터를 누를 수 없을 때 엄마를 대신해 버튼을 눌러줘서 엄마에게 도움이 됐어. 고마워."
3. 아주 사소한 행동이라도 상관없다. 칭찬은 질보다 양이 중요하다. 아이가 노트를 봤을 때 이렇게 생각할 수 있으면 된다. '어? 내가 생각보다 오늘 좋은 행동을 많이 했군! 엄마는 이런 것까지 다 기억하네!' 다른 어른 가족들도 함께 참여해준다면 노트에 적히는 칭찬은 더 많아질 것이다.
4. 자기 전에 칭찬노트를 꺼내 아이에게 들려준다. 사랑이 가득한 눈으로 아이를 자랑스럽게 쳐다보며 머리를 쓰다듬어주어도 좋다.
5. 칭찬노트 쓰기는 적어도 2주간 지속한다.
6. 칭찬노트의 부작용으로는 아이가 흥분해서 잠을 청하기 어려울 수도 있다는 것이다. 특히 첫째 날 이런 현상이 많이 생긴다. 하지만 곧 나아질 테니 염려하지 않아도 된다.
7. 칭찬노트의 또 다른 부작용으로는 아이가 자주 "엄마, 나 방

정리했는데?"라면서 자신이 좋은 일을 했다고 생각할 때 엄마를 부르는 것이다. 아이가 유난히 자주 이런다면 그동안 이 아이가 얼마나 칭찬에 굶주렸던가 하고 안쓰럽게 생각하자. 짜증을 내는 대신 "아, 그랬구나! 엄마가 잊지 않고 칭찬노트에 적어놔야겠구나"라고 반응해주자.

우리 아이에게 해줄 수 있는 칭찬

"엄마가 불렀을 때 얼른 대답해주어서 참 좋았단다."
"밥을 맛있게 먹는 모습이 정말 예뻤어!"
"귀가 어두운 할아버지가 몇 번을 되물었는데도 짜증내지 않고 대답해주어서 기특했단다."

○○이의 칭찬노트

20 년   월   일   요일

● 오늘의 칭찬

- _____

- _____

- _____

- _____

- _____

- _____

엄마, 아빠의 응원 한마디

아이에게 칭찬받을 기회를 만들어주기

칭찬해주고 싶어도 칭찬할 게 없다고 호소하는 부모들에게 한 가지 방법을 권한다. 바로 칭찬받을 기회를 만들어주는 것이다. 먼저 아이와 잠시 놀이하는 시간을 가질 필요가 있다. 적어도 2주간은 매일같이(매일이 어렵다면 주 3회) 아이와 함께하는 특별한 놀이 시간을 15분에서 30분 정도 갖도록 한다(9장 참고).

되도록 정해진 시간에 정해진 장소에서 놀이하는 등 규칙적으로 시간을 갖는 것이 좋다. 아이와 놀이를 시작할 때는 언제 끝날지를 알려주어 아이도 마치는 시간을 예측할 수 있게 해야 한다. 부모와의 놀이가 그리웠던 아이들은 처음 몇 번은 놀이 시간이 끝난 것에 화를 내며 계속 놀자고 요구하기도 한다. 하지만 부모가 앞으로 정해진 시간마다 함께 놀이를 할 것이라는 믿음을 주면 놀이가 끝나는 시간을 잘 받아들이게 된다.

부모와 즐겁게 놀이를 한 아이는 놀이 시간이 끝난 후에도 한동안 즐거운 기분을 유지한다. 부모는 이 순간을 잘 이용해야 한다. 아이의 기분이 좋을 때 그리 어렵지 않은 작은 심부름을 시키는 것이다.

"아이고, 엄마 콧물이 나오네. 네 옆에 있는 티슈 한 장 뽑아서 갖다주렴."

이렇게 힘들지 않은 심부름으로 시작한다. 기분이 괜찮은 아이는 흔쾌히 부모의 심부름을 따를 것이고, 이때 부모는 아이에게 칭찬을 해주면 된다. 평소 거칠고 공격적이고 반항적인 행동으로 부모에게 지적만 받아온 아이에게 부모의 칭찬은 정말 감동으로 다가올 것이다.

그저 "예쁘다", "착하다" 같은 막연한 칭찬이 아니라 아이의 행동을 구체적으로 언급하며 왜 그 행동이 좋은지 말해주자. 그러면 아이는 좋은 행동을 통해 받는 관심이 얼마나 기분 좋은 것인지, 어떻게 자신의 자존감을 높여주는지 알게 된다. 아이가 스스로 좋은 행동을 하지 않는다면 좋은 행동을 할 기회를 만들어주는 것도 어른이 해야 할 일 중 하나다.

◆

∧∧∧∧∧∧∧∧∧∧∧∧∧∧∧∧∧∧∧∧

CHAPTER 11

어른의 공격성을
모방 학습하는 아이

∧∧∧∧∧∧∧∧∧∧∧∧∧∧∧∧∧∧∧∧

"보고 배워서 그래요!"

"그렇게 하지 말라고 했지!" 상담센터 대기실에서 윤주가 바닥을 탁탁 치면서 매섭게 동생을 다그친다. 이제 겨우 여섯 살밖에 안 된 아이가 할 행동은 아닌데, 분명 누군가에게 배웠을 것이다. 누굴까? 그 의문은 곧 이어진 윤주 엄마와의 상담에서 풀렸다. 상담 중에 윤주가 문을 열자 엄마는 아까 윤주가 했던 것과 거의 똑같은 목소리 톤과 표정으로 말했다. "그러지 말라고 했지!" 윤주의 앙칼지고 공격적인 행동이 엄마에게 배운 것이라는 사실은 의심의 여지가 없어 보인다.

"애들 앞에서는 숭늉도 못 마신다"는 옛말처럼 아이들은 보는 족족 따라 하고 배운다. 직접적으로 가르침을 받지 않아도 옆에서 지켜보는 것만으로도 정말 많은 것을 익히고 배운다. 남을 위협하고 다치게 하고 화내는 등의 공격적인 행동도 마찬가지다. 아이들은 다른 사람이 그렇게 행동하는 것을 보면서 학습한다. 가정이나 어린이집, 유치원, 학교, 지역사회에서 만나는 어른이나 친구를 모델로 삼기도 하고, 잘못된 행동에 대한 처벌로 맞거나 어른들에게 거칠게 다루어지거나 밀쳐지면서 공격성을 직접 경험하기도 한다.

아이들은 이런 관찰과 경험을 통해 자기 뜻을 관철시키기 위한 가장 효과적인 방법이 공격성이라는 것을 깨닫는다. 어른들이 말로는 "때리는 건 나쁜 거야"라고 하지만 어른들 역시 문제를 해결하는 방법으로 때리는 것을 보며 '적당히 하면 괜찮다'고 여기기도 한다.

어떤 경우에는 "맞으면 너도 때려!"라며 부모가 아이에게 직접적으로 공격적인 방식을 제안하기도 한다. 눈눈이이. 고대 바빌로니아의 함무라비 법전에서 가장 유명한 내용인 "눈에는 눈, 이에는 이"를 요즘 엄마들이 줄여서 이렇게 말한다. 지역 맘카페에는 또래에게 맞고 온 자녀의 문제를 상담하는 글들이 곧잘 올라오는데, 소위 이 분야에 경험이 있다는 엄마들이 효과적인 대처법으로 '눈눈이이'를 추천하는 경우가 심심찮게 있다.

금쪽같은 내 새끼가 별 잘못도 하지 않았는데 공격을 당하면 속이 뒤집히고 화가 나는 건 당연한 일이다. 하지만 부모가 문제 상황을 해결하는 방법으로 공격적인 행동을 직접적으로 가르치면 아이들은 공격적인 행동을 하는 것을 두려워하지 않을뿐더러, 그렇게 행동해야 부모에게 인정받는다고 생각하게 된다. 실제로 만 6세에서 만 12세 아이들을 대상으로 한 실험에서 75퍼센트의 아이들이 어른의 기대에 부응하기 위해 공격적인 행동을 했다고 응답했다. 이렇게 아이들은 부모나 주변 사람들을 통해 직간접적으로 보고 들으며 공격성을 배워나간다.

TV, 영화⋯ 아이가 모방할 것은 널렸다

때리고 위협하는 행동은 자극적이라서 아이들의 기억에 더 오래 남는다. 유사한 장면을 자주 목격하지 않았더라도 아이들은 오랫동안 자신이 보고 들은 자극적인 장면을 기억하고, 몇 달이 지난 후에도 그 장면을 따라 할 수 있다. 아이들 옆에서 살아 숨 쉬는 사람들의 행동뿐 아니라 TV와 같은 미디어에 등장하는 인물들의 행동도 아이들에게 지대한 영향을 끼친다.

그동안 대중매체의 폭력성이 인간의 공격성을 증가시키는지 여부에 대해 많은 논란이 있었다. 그리고 대중매체의 폭력성에 많이 노출되면 공격성이 증가한다는 것이 다양한 실험 결과로 나오고 있다. 특히 2003년 로웰 휴스먼과 동료들이 연구한 결과가 주목할 만하다. 그들은 아이들의 TV 시청 내용과 빈도, 양상 등을 기록하고, 종단 연구를 통해 이 아이들이 성인이 된 후에 보이는 반사회적 행동의 빈도 등을 추적했다. 그리고 아이들이 폭력적인 TV 프로그램을 시청하는 빈도가 높을수록, 실제로 성인이 되었을 때 더욱더 공격적인 행동을 보인다고 최종 결론지었다.

아이의 진짜 원인을 알면 속상하지 않다

폭력적인 영화를 즐겨보는 편은 아니지만 이제껏 내가 본 영화 중 가장 잔인하다고 생각되는 영화는 〈내추럴 본 킬러Natural Born Killers〉다. 올리버 스톤이 감독한 영화로 우디 해럴슨과 줄리엣 루이스가 주연을 맡고 미국 TV 드라마로도 제작되었는데, 미국에서 공부하던 시절 우연히 이 영화를 보게 되었다. 연쇄살인범 커플이 자신의 부모를 비롯해 사람들을 마구 죽이는 내용이었다. 눈살을 찌푸리면서도 강렬한 음악과 현란한 영상에 넋을 잃고 끝까지 봤는데 영화를 본 지 20년이 훌쩍 넘은 지금도 그 장면이 생생하다.

1990년대 중반에 제작된 이 영화는 여전히 대표적인 폭력 영화로 거론된다. 1999년 수많은 희생자를 낳은 미국 콜롬바인 고등학교 총기난사범들이 이 영화를 스무 번이나 봤다는 사실이 알려지면서 더욱 유명해졌다. 사람들을 아무렇지 않게 죽이는 폭력물에 반복적으로 노출되면 폭력 장면에 둔감해진다. 폭력적 행위를 갈등이나 문제를 해결하기 위한 유용한 수단이라고까지 인식할 수도 있다. 특히 아직 지적으로나 도덕적으로 완전히 성숙하지 못한 아이들이라면, 적절한 제재 없이 이런 대중매체에 무분별하게 노출되었을 때 폭력에 둔감해지고 공격성을 키울 가능성이 매우 높다.

폭력 장면에 노출된 아이에게 말해주면 좋은 것

아이들이 대중매체의 폭력 장면에 반복적으로 노출되어 공격성을 키우지 않도록 하려면 아이가 받아들일 수 있는 범위에서 잘 지도해야 한다. 폭력적인 TV 프로그램이나 영화 등을 시청한 후, 거기에 등장한 폭력적 상황이 얼마나 과장되고 비현실적이며 비도덕적인지를 설명해주는 것이다. 또 대중매체에서 묘사된 폭력적인 상황이 현실에서 발생했다고 가정할 경우, 폭력 외에 다른 현실적이고 건설적인 대안으로는 어떤 것이 있는지 아이 스스로 생각해보도록 한다. 이런 시간을 가지면 아이의 공격성을 줄이는 일에 도움이 된다.

폭력적인 영상으로 가득한
아이들의 일상

어느덧 TV나 유튜브가 없으면 아이 키우는 일이 힘든 세상이 되어 버렸다. 푸드코트에 가보면 거의 모든 아이들이 스마트폰 동영상을 보면서 밥을 먹고 있다. 지금은 TV보다 휴대하기 간편한 스마트폰이나 태블릿이 아이들의 시선을 사로잡고 있는 듯하다. 이와 관련한 연구들은 시대의 빠른 변화를 따라가지 못해서 아이들의 스마트폰 사용 실태에 대한 충분한 자료를 제공하고 있지 못하고 있다.

과학기술정보통신부와 한국지능정보사회진흥원에서 2017년 스마트폰 과의존 위험군 실태를 조사한 내용이 있다. 조사 결과에 따르면 만 3세에서 만 9세 아이들의 19.1퍼센트가 하루에 4시간 이상 스마트폰을 사용하는 과의존 위험군에 해당했다. 이는 5명 중 1명 꼴로 스마트폰에 중독되었음을 의미한다. 과연 이 아이들이 4시간 동안 어떤 내용의 동영상을 보는지, 어떤 게임을 하는지 몹시 궁금하다. 이에 대한 후속 조사나 연구 결과들도 차차 쏟아져 나올 것이라 생각되지만, 아직은 관련 자료가 부족하므로 여기서는 상대적으로 자료가 많은 TV와 아이의 공격성에 대해 이야기하고자 한다.

TV는 얼마나 공격성을 부추길까?

2018년 육아정책연구소 조사에 따르면 초등학교 3학년 이하의 아동이 TV, 스마트폰, 컴퓨터 등으로 노는 시간이 하루에 3시간에 달하는 것으로 나타났다. 아이들이 시청하는 TV 프로그램이라고 해서 폭력적인 장면이 나오지 않는 건 아니다. 미국 심리학회에 따르면 미국의 아동과 청소년은 매년 TV에서만 살인, 강간과 같은 심한 폭력 장면을 1만 번 보며, 많으면 대략 2만 번의 폭력 장면을 본다고 한다. 아이들이 한 프로그램에서 4분마다 한 번꼴로 폭력적인 장면에 노출된다는 통계자료도 있다. 이렇게 폭력적인 TV 프로그램은 아이들에게 어떤 영향을 끼칠까?

앞서 잠시 언급한 것처럼 TV가 아이들의 공격성을 부추기는지에 대해서는 그동안 논란이 있어왔다. 아동용 프로그램에 등장하는 다소 웃기고 어설픈 폭력은 어린 시청자들의 행동에 영향을 줄 가능성이 없다는 주장도 있었다. 하지만 수많은 실험 연구들은 TV에 나오는 폭력 장면을 많이 본 아이들이 적게 본 아이들보다 적대적이고 공격적인 성향을 더 많이 나타낸다고 보고하고 있다.

아이의 진짜 원인을 알면 속상하지 않다

누구나 알고 있는 〈파워레인저The Mighty Morphin Power Rangers〉를 예로 들어보자. 이 프로그램에 나오는 폭력 장면은 다른 사람을 의도적으로 해치거나 살해하는 적대적인 내용으로, 시간당 200개 이상의 폭력적인 행동을 보여준다. 1995년 심리학자 크리스 보야치스Chris Boyatzis와 동료들은 만 5세에서 만 7세 아동들을 두 집단으로 나누어 한 집단에는 〈파워레인저〉를 보여주고, 다른 집단에는 보여주지 않은 후 공격성을 관찰했다. 그런데 놀랍게도 그 프로그램을 본 남자아이들이 그렇지 않은 남자아이들에 비해 노는 동안 공격적인 행동을 7배나 더 했다. 한편 〈파워레인저〉는 여자아이들에게는 별다른 영향을 끼치지 않았다. 연구자들은 아마도 대부분의 레인저가 소년인 점과 상관이 있다고 보았다.

아이들에겐 그저 '싸움'만 보일 뿐

아이들이 TV의 폭력 장면에 영향을 받는 이유는 'TV 이해력'이 부족하기 때문이다. TV 이해력이란, TV 프로그램에서 정보가 전달되는 방식을 이해하고 그 정보를 적절히 해석하는 능력이다. 사실 레인저들은 지구를 지배하려는 외계의 괴물에 맞서 용감히 싸우는 슈퍼히어로다. 어른의 입장에서 보면 레인저들의 폭력은 자기 몸을 희생해서 지구를 구하려는 숭고하며 이타적인 행위지만 아이들에겐 그저 '싸움'만 보일 뿐이다.

놀이치료를 하다 보면 아이들이 파워레인저처럼 싸우는 놀이를 하는 것을 볼 때가 있다. 아이들에게 "왜 싸우는 거니?"라고 물어보면 "원래 싸우는 거예요! 얘들은 그냥 싸우는 거예요!"라고 답할 때가 많다. 아직 사회적 맥락을 이해하고 상황을 전체적으로 조망하는 능력이 없는 어린아이들은 왜 싸우는지를 생각하기보다는 번쩍이는 섬광에 매료되고, 멋진 발차기에 압도되며, 각종 싸움 기술에 넋을 빼앗길 수밖에 없다.

지나치게 자극적으로 만들어진 아동용 프로그램들은 아직 TV 이해력이 없는 어린 시청자들이 공격적인 행동을 모방하도록 유도하고 있다. 또 갈등이 일어났을 때 때리고 싸우는 것으로 해결하기를 유도한다. TV의 폭력성에 관한 연구들은 폭력적인 TV 프로그램 시청이 아이들의 공격적인 성향을 키우고, 그 공격적인 성향은 폭력적인 프로그램에 대한 흥미를 자극하여 또다시 공격성을 키우는 악순환으로 이어진다고 말한다.

로웰 휴스먼이 실시한 종단 연구는 소년들이 만 8세 때 보였던 폭력적인 TV 프로그램에 대한 선호가 그들이 성인이 되었을 때의 공격성뿐 아니라 심각한 범죄 활동에의 개입도 예측한다는 사실을 밝혀냈다. 또 다른 연구는 TV의 폭력 장면에 장기적으로 노출되면 폭력에 둔감해질 수 있으며, 이로 인해 공격적인 사람이 될 수도 있다고 경고했다.

부모가 먼저
바람직한 행동을 보여주기

아이들의 공격적인 행동은 상당 부분 주변 사람들을 통해 보고 배운다. 이는 사회적 참조 능력이 꽤 일찍 발달해서인데, 사회적 참조란 상황에 대한 타인의 해석을 이용해 자신의 해석을 구성하는 행동을 말한다. 만 2세 정도 된 아기들도 애매한 자극 앞에서 엄마나 타인이 어떻게 반응하는지를 살핀 후 상황에 따른 행동을 하는 사회적 참조 능력을 보인다.

물건을 던지는 엄마, 큰 소리로 화내는 아빠

이렇게 사람은 가까운 사람들의 행동을 모방하면서 사회성을 배워나간다. 만일 엄마가 좌절감을 느낄 때마다 욕을 하고 신경질적으로 살림살이를 내던진다면 아이 역시 일이 제 뜻대로 풀리지 않을 때 거친 말을 내뱉고 짜증을 낼 것이다. 사람들이 많을 때 이리저리 밀치며 새치기를 하고 이에 대해 싫은 소리를 하는 사람에게 더 큰 목소리로 화를 내는 아빠를 본 아이도 유사한 영향을 받을 수 있다. 유치원이나 학교에서 순서를 무시할 것이며, 반발하는 친구에게 눈을 부릅뜨거나 주먹을 치켜드는 위협적인 모습을 보일 수 있다는 것이다.

그러니 부모는 아이에게만 공격적인 언행을 하지 않는 게 아니라 부모 자신이 일상생활 전반에 걸쳐 사회적으로 적절한 방식으로 말하고 행동하는 모습을 보여주어야 한다. 특히 아이가 공격적인 행동을 할 때 이를 훈육하기 위해 때리거나 욕을 하는 등 공격적인 수단을 사용하지 않도록 조심해야 한다.

어떤 부모는 아이가 가정에서 공격적으로 행동하면 심하게 나무라면서도 친구에게 맞고 오면 "너도 때려!", "바보같이 맞고만 있었어?", "네가 아무것도 하지 않으니까 쟤가 널 만만하게 보는 거잖아!", "엄만 몰라. 네가 맞든 때리든 알아서 해결해!", "착한 게 좋은 것만은 아냐!", "넌 정말 겁쟁이구나!", "안 되겠다. 당장 합기도를 배워야겠다!"와 같은 말을 하며 아이가 공격적으로 행동하지 않는 것을 비난하기도 한다.

이런 말들은 비단 부모만 하는 것은 아니다. 형, 누나, 언니, 오빠와 같은 형제자매들도 맞고 온 아이를 비웃으면서 "야, 형이 걔 때려줄까? 그러면 앞으로 꼼짝 못할걸?", "그런 애는 기를 확 꺾어놔야

해!"라는 말부터 "여기가 급소야, 급소! 여기를 쳐!"와 같이 구체적인 싸움 기술까지 가르쳐준다.

이런 말을 자주 들은 아이는 대인관계에서 문제가 생기면 공격적으로 대응해야 한다고 생각한다. 그러니 가까운 사이일수록 아이의 공격성을 부추기는 말은 삼가야 한다. 또래관계에서 자주 당하는 아이라면 부모는 때리는 것을 가르치기보다 자기주장을 하는 법이나 주변에 도움을 청하는 법을 알려주는 게 더 낫다.

"욕하거나 때리지 않고 갈등을 풀 수 있단다"

부모는 공격적인 행동을 하지 않는 것과 더불어 갈등을 적절한 방법으로 표현하거나 해결하는 모습도 보여주어야 한다. 또 협력적이고 이타적인 행동 모델의 역할도 해야 한다. 기분이 나쁘거나 힘든 일이 있을 때 굳은 표정으로 말없이 있거나 한숨을 내쉬거나 신경질을 내기보다는 상황에 맞는 감정단어들을 사용해 언어로 표현하고, 상황을 보다 긍정적으로 변화시키기 위해 행동하는 모습을 보여주자.

"엄마가 오늘 운전을 하고 가는데, 뒤에 오는 차가 계속 빵빵대는 거야. 창문까지 내리고선 빨리 가라고 소리를 지르더라. 엄마 앞에서 횡단보도를 걸어가고 있는 사람들이 있는데도 말이야. 그 사람도 나름 급한 사정이 있어서 그랬겠지만 그렇다고 해서 빵빵대고 소리를 지르는 건 좋은 행동은 아니지. 그때 엄마는 마음이 급해지고 불안해지더라. 뒤에 있는 운전자한테 짜증나기도 했고. 하지만 그렇게 하면 교통사고를 낼 수 있겠다 싶어 심호흡을 하고 마음을 달랬지."

"휴, 오늘은 좀 힘든 날이네. 이불 빨래를 했더니 피곤하다!"

"아! 바닥에 색연필이 다 쏟아져버렸구나. 엄마도 줍는 걸 도와줄게. 엄마가 도와주면 좀 더 빨리 주울 수 있을 거야."

"아빠가 출장 갔다 오셔서 많이 피곤한가 봐. 우리 모두 아빠가 주무실 수 있게 TV 소리를 조금 줄이자."

이처럼 부모는 자신의 경험을 아이에게 말해주거나 타인과 협력하고 배려하는 모습, 그리고 화가 나거나 불편한 상황에서도 감정을 조절하고 적절히 표현하는 시범을 보이려고 애써야 한다. 늘 아이가 지켜보고 있다는 사실을 잊지 말자.

◆

CHAPTER 12

지식과 기술과 경험이
부족한 아이

"몰라서 그래요!"

아이들은 때로는 하고 싶은 것을 하지 못하게 되었거나 다른 아이들에게 위협을 받았을 때 어떻게 해야 하는지 몰라서 공격적인 행동을 하기도 한다. 자신이 알고 있는 사회적 기술을 다 사용하고도 원하는 것을 얻지 못하거나 자신이 아끼는 것을 지키지 못했을 때 아이는 결국 누군가를 때리고 무는 방법을 선택한다.

예를 들어, 아이는 인형 뽑기가 너무 하고 싶다. 그래서 처음에는 엄마에게 애교를 부리며 "한 번만 하게 해줘!"라고 말했지만 엄마는 안 된다고 한다. 아이는 금세 돌변하여 "엄마, 미워!" 하고 엄마를 때린다. 또 어느 날은 자신이 아끼는 팽이 장난감을 친구가 빼앗는 일이 벌어진다. 아이는 부모에게 배운 대로 "하지 마! 돌려줘!"라고 말했지만 친구는 "메롱" 하고 도망간다. 아이는 친구를 뒤쫓아가서 때리고 팽이를 되찾아온다. 이 경우 아이는 때리지 않고 상황을 해결하는 방법을 알지 못해 그리 행동한 것이라고 볼 수 있다.

어른들이 "참아야지", "말로 해야지"라고 말해도 어린아이들은 속상하고 화난 감정을 어떻게 참아야 할지를 잘 알지 못한다. 그렇기 때문에 욕구가 좌절되면 발을 동동 구르고 때리고 물건을 집어던지는 행동을 한다. 어른들은 "친구를 때리면 안 돼. '하지 마!', '싫어!', '내 거야!'라고 말로 표현해야지!"라고 조언하지만 사실 남의 것을 빼앗고 괴롭히는 아이들에게는 이런 말이 통하지 않을 때가 많다. 그래서 부모가 시킨 대로 해봤지만 문제가 해결되지 않을 때 아이는 자신에게 익숙한 방법을 사용할 수밖에 없다.

만일 부모가 친구를 괴롭히지 않는 방식으로 감정을 표현할 수 있도록 지도한다면 아이들의 문제행동은 줄어들 것이다. 아이가 적절한 방식으로 자기주장을 할 때 부모가 옆에서 격려해주고 문제가 해결되도록 지원해주었을 때도 그렇다. 반대로 부모가 공허한 조언만 남발하면 아이는 결국 '힘으로 해결하는 수밖에 없어!'라고 생각하며 계속 공격적으로 행동할 것이다. 자기주장 기술이나 비공격적인 문제해결 방식을 배우지 못한 채로 말이다.

따라서 아이들의 공격적인 행동을 줄이려면 그런 행동이 발생할 수 있는 상황에서 전과 다르게 비공격적인 방식으로 대처하는 방법을 구체적으로 지도해주어야 한다. 갈등 상황에서 문제를 해결하는 다양한 지식과 기술을 습득하면 아이는 더 이상 공격적인 방식에 의존할 필요가 없다.

직접적으로 가르치고 개입하자

아이들은 지식과 기술, 경험이 부족해서 욕구가 좌절되었을 때 마음을 다스리는 방법이나 상황을 객관적으로 이해하는 능력이 부족하다. 갈등을 비공격적인 방법으로 해결하는 기술 또한 잘 알지 못한다. 따라서 부모를 비롯한 주변 어른들은 아이들이 지식과 기술, 경험의 부족으로 인해 잘못된 방식으로 문제를 해결하고 부정적인 방식으로 감정을 표출하지 않도록 세세히 가르치고 지도하며 연습시킬 필요가 있다.

　앞서 설명한 아이의 공격성을 다루는 방법들은 모두 부모가 끈기 있게 가르쳐주어야 아이가 배울 수 있는 것들이다. 어색하고 어렵다고 포기하지 말고 도전해보길 바란다. 지금부터는 이미 설명한 것 말고도 부모나 주변 어른들이 아이에게 직접적으로 가르쳐주거나 개입해야 할 사항들을 소개한다.

아이가 짜증날 만한 상황은 미리 없애기

아이들은 즐겁게 놀다가도 싸우고 토라진다. 처음에는 신나게 놀이를 시작했지만 의도하지 않았거나 기대하지 않은 방향으로 놀이가 진행되면 이를 수습할 방법을 알지 못하는 아이들은 쉽게 짜증을 내고 장난감을 던지기도 한다. 만일 주변에 있던 어른이 아이들의 놀이를 지켜보고 문제의 초기 신호를 잘 살펴 적절히 개입한다면 아이들은 다시 즐겁게 놀이를 이어갈 수 있다. 이때 문제의 초기 신호는 아이들의 목소리나 얼굴 표정, 말투와 말의 내용 등에서 관찰할 수 있다.

아이들 사이에서 곧 긴장하고 흥분하는 상황으로 번질 것 같은 신호가 있으면 어른이 놀이의 방향을 틀어주거나 갈등을 중재해주어야 한다. 여러 아이들이 놀이터에서 잡기 놀이를 한다고 해보자. 한 아이가 유독 특정 아이를 쫓게 되면 쫓기는 아이는 처음에는 재미있어 하다가 "왜 나만 쫓아와? 하지 마!"라며 불쾌감을 드러내게 된다. 이런 상황이 지속되면 곧이어 둘 사이에 충돌이 일어나는 것은 불 보듯 뻔하다. 이때 부모가 "얘들아, 나 잡아봐라!"라고 나서면 금세 아이들은 합심단결해서 어른을 쫓는 일에 열중하게 된다. 이렇게 놀이의 방향이 틀어지면 두 아이 사이에 있었던 팽팽한 긴장감도 자연스럽게 사라진다.

아이들은 놀이할 때 장난감이 망가지거나 놀이가 너무 어렵고 의도한 대로 되지 않으면 화를 벌컥 내기도 한다. 고장 난 장난감은 치워놓는 것이 좋으며, 장난감의 일부 기능이 고장 났더라도 다른 기능은 쓸 만하다면 아이들이 놀기 전에 작동하지 않는 부분을 미리 명확하게 알려준다. 또 말라서 접착력이 떨어진 풀을 사용해 종이를 붙이려는데 잘 안 되어 짜증이 난 아이가 있다면 얼른 살펴주어 다른 대안을 제시하는 등 아이들이 불필요한 좌절을 겪지 않도록 배려해주자. 아이들이 여럿 있을 때는 공격성을 유발할 만한 놀이도구는 치워두는 게 낫다. 장난감 무기, 고무총, 비비탄 등은 비좁은 공간이나 인구밀도가 높은 곳에서는 제공하지 않아야 한다.

모르고 하는 행동이라면

생후 15개월에서 36개월 사이의 걸음마기 유아들은 떼 부림과 고집이 심하다. 아기들은 자신의 감정을 표현하는 과정에서 공격적인 행동을 보일 때가 많고, 재미 삼아 장난으로 그럴 때도 많다. 구기거나 찢을 때 나는 소리가 재미있어서 신문이나 책을 찢고 망가뜨리기도 하고, 강아지의 꼬리를 잡아당길 때 강아지가 깜짝 놀라거나 '깨갱' 하는 소리가 웃겨서 강아지를 쫓아다니기도 한다. 형이 열심히 만든 블록이 부서지는 모습에 재미를 느끼기도 하고, 엄마가 공들여 개어 놓은 빨래더미를 흐트러뜨리면서 천진난만한 웃음을 짓기도 한다.

이런 행동은 의도 자체가 공격적이지는 않더라도 행위 자체로

만 봤을 때는 공격적이라고 할 수 있다. 이렇게 상대방을 일부러 괴롭히려는 의도는 없지만 부수거나 때리거나 잡아당기는 것에서 재미와 즐거움을 얻는 것을 가리켜 '표현적 공격성'이라고 한다.

표현적 공격성은 공격자에게는 즐거운 감각적 경험을 준다. 의도하지는 않았지만 다른 사람을 다치게 하거나 다른 사람의 권리를 방해하는 신체적 행동을 통해 즐거움을 얻는 것이다. 이때 공격자의 목적은 피해자로부터 어떤 반응을 얻거나 물건을 파괴하는 것이 아니다. 그저 즐거운 신체적 감각을 느끼려는 것이다.

형이 높이 쌓은 블록을 발차기로 부술 때는 자신의 멋진 발차기 기술과 블록이 부서지면서 나는 소리와 모습에 쾌감을 느낀다. 엄마의 팔을 물 때는 입에서 느껴지는 말랑말랑하고 탄력 있는 감촉이 좋고 엄마의 비명이 재미있어서 계속 엄마를 쫓아다니며 문다. 장난감 자동차를 선반에서 떨어뜨리는 일을 반복하는 아이는 자동차가 떨어지면서 뒤집히거나 앞 혹은 옆으로 미끄러져 가는 것을 재미있어 한다. 키즈카페에서 승용 완구를 타고 승용 완구를 탄 다른 아이에게 돌진해서 깔깔 웃는 아이도 충돌할 때 몸이 흔들리는 게 좋아서 그렇게 행동하는 것일 수 있다.

아기가 표현적 공격성을 나타낼 때 부모는 아기의 생각이나 의도를 비난하지는 않아도 그 행동이 부적절하다는 것은 단호하게 말해주어야 한다. 이와 함께 아기가 보다 적절한 방식으로 즐거움을 얻을 수 있는 대안도 제시해주면 좋다.

"영훈아, 블록을 부수는 게 재미있나 보구나. 그런데 이 블록은 지수 거야. 네 것이 아니니까 부수면 안 돼. 대신 여기 있는 것을 갖고 놀아라."

"북을 치는 사람 같구나. 막대기로 두드리니 재미있는 소리가 나지? 하지만 이건 하지 마. 이건 우리가 밥 먹을 때 쓰는 그릇이거든. 깨질 수 있어. (쿠션, 스테인리스 냄비 등 해도 될 물건을 주며) 대신 여기에 있는 것을 두드리고 소리를 들어보렴."

두 돌 이상 된 아이에게는 괴로워하는 상대방의 마음을 이해할 수 있게 그 상대방의 마음을 부모가 대신 말해주는 게 좋다. 세 돌 이상의 아이라면 비록 나쁜 의도는 아니었지만 상대방에게 피해를 준 것을 사과하거나 잘못을 만회할 만한 다른 행동을 찾아보라고 유도해주면 더욱 좋다.

친사회적인 행동에 대해 알려주기

공격적인 행동과 상반되는 것이 바로 친사회적인 행동이다. 친사회적인 행동은 도와주기, 나누기, 협동하기, 격려하기, 그리고 달래주기와 같은 것들로, 이기심이나 공격성 같은 반사회적 행동과 반대되는 개념이다. 저명한 아동학자인 마틴 호프만Martin Hoffman 은 모든 아동에게 기본적으로 배려하기, 나누기, 돕기, 협동하기를 할 수 있는 기초 능력이 있다고 했다. 물론 좀 더 큰 아동이 더 광범위한 친사회적 행동을 보이지만 어린 유아도 친사회적인 행동을 할 수 있는 능력이 있다.

친사회적인 행동을 익히려면 부모는 아이가 조금이라도 상대방을 배려하거나 존중하는 모습을 보일 때마다 적극적으로 칭찬해주어야 한다. 또 친사회적인 행동을 할 수 있는 기회를 만들어 아이가 직접 친사회적인 행동을 행할 수 있도록 해주어야 한다. 집에 손님이 오면 엄마가 준비한 간식을 아이에게 나르게 한 후 엄마를 돕고 손님을 대접하는 아이의 행동을 구체적으로 칭찬해주고, 놀이터에서 넘어진 아이를 본다면 "저런, 아프겠구나. 같이 가서 손을 잡아 일으켜주자!"라고 해주는 것이다. 평소 부모 자신이 주변 사람을 돕거나 배려하는 모습을 보이는 것도 아이의 친사회성을 기르는 데 매우 좋다.

이타적인 아이로 키우려면

미국 심리학자 낸시 아이젠버그Nancy Eisenberg는 아이들의 이타적인 행동에 대해 오랫동안 연구해왔다. 친사회성, 이타주의, 공감 연구에서 성과를 이룬 아이젠버그 교수는 이타적인 아이로 키우기 위해 부모가 해야 할 일을 다음과 같이 소개한다.

• 애정이 충만하고 따뜻한 가정 분위기를 만든다.
• 규칙을 제공하고 왜 지켜야 하는지 설명해준다.
• 이타적인 마음을 타고났다고 말해준다. 예를 들어, 이렇게 말할 수 있다. "넌 정말 다른 사람을 잘 도와주는 마음씨 따뜻한 아이구나."
• 누군가를 도울 수 있는 기회를 준다.
• 부모 자신이 사려 깊고 관대한 모습을 보여준다.

아이에게 꼭 알려주어야 할 협상의 기술

친구가 뭔가를 빼앗거나 방해하려고 다가오면 아이들은 그 상황에서 방어를 하려고 공격적인 행동을 하기도 한다. 이럴 때 부모는 아이에게 '자기주장'과 같은 좀 더 적절한 방식으로 대처할 수 있음을 가르쳐주어야 한다. 평소에 책을 읽거나 대화를 나눌 때마다 아이 스스로 의사를 표현하는 법을 알려주고 실제로 자기주장을 해야 할 상황이 일어나면 즉각적으로 지도해준다. 다음과 같은 말들이 자기주장의 예다.

"내가 아직 쓰고 있어."

"아직 안 끝났어."

"나도 하고 싶어!"

"네가 다 하면 나한테 말해줄래?"

"별명 부르지 마!"

"머리카락 잡아당기지 마!"

"좀 더 기다려줘!"

아이가 자신이 느끼는 부정적인 감정을 나쁜 언어를 통해 표현한다면 더 나은 표현을 하도록 지도해준다. 예를 들어, 친구가 별명을 부를 때 "이 바보야, 죽을래?"라고 한다면 이렇게 말해주자.

"친구가 놀려서 화났구나. 네가 화나서 친구를 넘어뜨려 다치게 할까 봐 엄마는 걱정이 되네. 너의 기분을 친구에게 말해줄래?"

"친구한테 '난 재미없어. 내 이름은 동우야!'라고 말해보렴."

또 원하는 것을 얻기 위한 방법으로, 나누고 순서를 기다리고 교환하고 협상할 수 있음을 가르쳐준다. 협상의 기술은 매우 수준 높은 사회성 기술 중 하나다. 협상만 잘해도 욕구를 쉽게 충족하고 갈등을 원만하게 해결해나갈 수 있다. 다양한 협상 기술이 있는데, 그중 아이들이 사용할 수 있는 방법을 몇 가지 소개한다.

① 거래하기

"네가 그걸 주면 내가 이걸 줄게."

원하는 것을 그냥 마음대로 가질 수는 없다. 내가 원하는 것이 상대방에게 있다면 원하는 것을 얻기 위해 나는 상대방에게 무엇을 내줘야 할지 생각해야 한다.

동생이 갖고 있는 카드가 마음에 든다면 형은 그 카드를 얻기 위해 동생이 평소에 탐내던 자신의 미니카와 교환하자고 제안할 수 있다. 서로의 것을 바꿔서 원하는 것을 얻는 것은 모두에게 꽤 만족할 만한 협상이 된다.

② 달콤한 거래를 제안하기

"난 정말 그걸 갖고 싶어. 내가 이거, 이거 줄 테니까 그거 줄래?"

거래 당사자가 자신이 손해 보지 않는다고 느낄 때 거래가 성사될 가능성은 높아진다. 따라서 협상이 성사되길 바라고, 상대방이 나의 요구를 들어주기를 바란다면 좀 더 상대방이 솔깃할 만한 거래를 제안할 필요가 있다. 정민이가 갖고 싶어 하는 지훈이의 카드가 지훈이에게도 소중한 것이라면 정민이는 그 카드를 얻기 위해 더 많은 대가를 치를 필요가 있다.

"지훈아, 네가 가진 그 카드가 정말 마음에 들어. 이거 네가 갖고 싶어 했던 미니카지? 이 미니카랑 내가 정말 아끼는 로봇 그림 지우개를 줄게. 그 카드랑 바꾸자!"

이 전략은 특히 어린아이들에게 유용하다. 어린아이들은 크기가 크고 양과 개수가 많으면 뭔가 더 좋은 것이라고 생각하기 쉽기 때문이다. 1개의 카드와 2개의 물건을 교환하는 것은 어린아이의 입장에서는 수지맞는 거래처럼 느껴질 수 있다.

③ 순서 지키기

"지금은 너한테 이걸 줄 수 없어. 하지만 5분 후에는 줄 수 있어."

무조건 기다리라고 하거나 안 된다고 하면 갈등이 격화될 수 있다. 혼자서만 독차지하려는 욕심쟁이처럼 보일 수 있기 때문에 감정적인 싸움으로 번질 수 있다. 친구에게 제한을 분명히 해줌과 동시에 언제, 어떻게 할 수 있는지를 알려주게 하자. 그러면 그 친구도 상황을 받아들이기가 수월해진다.

"너 지금 이거 하고 싶어? 그런데 나도 지금 막 시작했거든. 내가 조금만 더 하고 너 하게 해줄게!"

이렇게 말하는 것은 정말 예쁘고 친절한 의사소통 방법이다. 이렇게 말하는 아이들끼리는 싸울 일이 없다.

④ 순서를 거래하기

"내가 먼저 하게 해주면 네 차례에 5분 더 해도 돼."

새치기는 어른과 아이 모두에게 싸움거리가 된다. 순서를 지키는 일은 어린아이들도 중요한 도덕적 규칙이라고 생각하는 것이다. 그러므로 순서를 앞당겨서, 혹은 바꿔서 하고 싶다면 친구에게 반드시 양해를 구하고, 친구가 양보하고 배려해준 것에 보상을 해줄 것을 권하자. 물질적 혹은 심리적 보상이 주어지지 않으면 누구라도 타인의 편의를 봐줄 마음이 생기지 않는다. 지금의 양보가 나중에 더 큰 즐거움과 이득으로 이어진다고 생각하면 양보심과 배려심은 더욱 커질 것이다.

⑤ 나누기

"네가 나누면 내가 고를게."

상황을 잘 살펴보면 함께 해나갈 수 있는 일이 많다. 어린아이들은 아직 협업과 분업의 개념에 익숙하지 않다. 그래서 활동을 여러 명이 나누어서 하는 것을 생각하지 못하고 이에 대한 계획을 세우는 일에도 어려움이 있다. 만일 평소에 주변 어른들이 한 가지 활동을 함께 나누고 공동 작업을 하는 경험을 많이 제공했다면 아이들은 "너는 이거 해. 나는 이거 할게!"라며 싸우지 않고 함께 활동에 참여하는 법을 알게 된다. 크리스마스 케이크의 촛불을 서로 끄겠다고 싸운다면 한 명은 촛불을 끄고, 다른 한 명은 케이크를 자르는 역할을 맡으면 된다. 먹을 것을 두고 다툴 때도 '나누기'라는 협상 기술을 사용할 수 있다.

"네가 이 과자를 똑같이 나눠. 그럼 어떤 쪽을 먹을지는 내가 고를게. 아니면 반대로 내가 나누고 네가 고를 수도 있어!"

⑥ 협력하기

"같이 치우자. 그럼 우린 공원에 더 빨리 갈 수 있을 거야."

서로 협력하면 훨씬 상황이 좋아지고 유대감도 깊어진다. 서로 경쟁하고 자신의 이익만 추구하는 것보다 협력하는 것이 여러 가지 면에서 좋은 점이 훨씬 많다. 하지만 갈등 상황이 생기면 사람들은 자기 입장만 생각하는 편협함에 빠지게 된다. 평소 부모의 지도하에 협력하기, 공유하기를 배운다면 아이들은 형제자매뿐 아니라 타인과도 원만한 대인관계를 맺을 수 있다.

장난감을 치우고 공원으로 외출을 나가기로 했는데 아이들이 장난감을 서로 안 치우겠다고 하거나 서로 조금 치우겠다고 싸우면 외출 시간이 점점 늦어지거나 아예 못 나가게 될 수도 있다. 이럴 땐 공동의 목표를 상기시켜 경쟁과 싸움이 아닌 협력으로 유도하는 부모의 지도가 필요하다. 이런 지도를 많이 받은 아이들은 어느 날 이렇게 말할 수 있다.

"우리 이걸로 싸우지 말자. 노는 시간이 자꾸 줄어들잖아!"

⑦ 합의하거나 규칙 정하기

"칼싸움 놀이를 할 때 얼굴이나 머리는 공격하지 말자. 너무 위험하니까. 그리고 그걸 우리가 하는 칼싸움 놀이의 새로운 규칙으로 정하자. 어때?"

서로의 안전과 행복에 필요한 규칙을 제안하는 것은 앞으로 발생할 다툼을 예방하는 아주 좋은 방법이다. 이때 일방적으로 "~해!"라고 하는 것이 아니라 "~하는 게 어때?"라고 제안하는 식으로 말하는 것이 좋다. 그리고 그 사안에 대해 함께 이야기를 나누며 합의하는 것이 중요하다. 어린아이들이라도 자신의 의견을 물어보고 존중해주는 사람에게 훨씬 호감을 느끼고 더 협력적으로 반응한다. 이렇게 서로 합의해서 만든 규칙은 잘 지켜질 가능성이 높다.

아이들의 갈등을 슬기롭게 중재하는 과정

아이들끼리 싸우거나 때리거나 혹은 말로 헐뜯고 욕할 것 같은 상황이 벌어지겠다 싶으면 갈등을 중재하기 위해 부모가 나서야 한다. '또 시작이군!' 하고 한숨을 쉴 수 있겠지만, 달리 생각하면 아이들이 비공격적이고 세련된 방식으로 갈등을 해결하는 절호의 기회이기도 하다. 서로에게 상처만 남기는 과격한 방식 대신에 생각하고 타협해 결정하는 새로운 방식으로 문제를 해결하도록 도와주자.

부모는 몇 가지 단계에 따라 갈등을 중재하는 시범을 보일 수 있다. 생생한 시범을 위해 한 가지 상황을 가정하고 이 상황을 중재 과정에 따라 대처하는 법을 설명하고자 한다.

민서와 수현이는 장난감 트럭을 서로 갖고 놀겠다고 다투고 있다. 민서가 "야, 너 그만해! 나도 하고 싶단 말이야."라고 하자, 수현이는 "싫어. 넌 딴 거 하라고! 난 아직 조금밖에 못 놀았단 말이야"라고 응수했다. 민서는 "야, 네가 딴 거 해! 너 많이 놀았잖아! 이번엔 내 차례야!"라고 지지 않고 말한다. 수현이는 장난감 트럭을 등 뒤로 감추며 민서의 반대쪽 방향으로 도망치듯 뛰어간다. 민서도 주먹을 치켜든 채 수현이를 쫓아간다.

만일 이때 어른이 상황을 그냥 지켜보고만 있었다면 다툼을 해결하기 위해 약간의 무력을 사용해도 된다는 것을 암묵적으로 승인한 것이나 마찬가지다. 때리고 소리치는 행동을 통해 원하는 것을 얻거나 잃은 아이는 공격적인 행동이 지닌 힘을 높이 평가하게 되고, 앞으로 욕구 충족을 위해 남을 다치게 하는 행동을 할 가능성이 높다. 아이들에게 잘못된 교훈을 주지 않기 위해 첫 번째로 할 일은 공격적인 행동을 일단 멈추게 하는 것이다. 바로 여기서부터 어른으로서 갈등을 중재하는 일이 시작된다.

① 중재를 시작하기

부모는 민서와 수현이 사이로 들어가 쫓고 쫓기는 상황을 중지시킨 다음 둘을 떼어놓고 문제를 정의해준다. 이때 부모는 아이들이 주장하는 사물이나 영역보다는 상황에 초점을 맞추도록 노력해야 한다.

"흠, 너희 둘 다 장난감 트럭을 갖고 놀고 싶구나. 트럭은 한 대뿐이고, 둘 다 지금 이걸 갖고 놀고 싶은 게 문제인 것 같구나! 문제를 해결할 때까지 이 장난감 트럭은 엄마가 갖고 있을게."

② 아이들 각자의 관점을 분명히 하기

아이들이 각자의 관점에서 원하는 것, 문제가 되는 것을 말해보는 기회를 준다. 이때 아이들은 방해받지 않고 자신이 하고 싶은 말을 할 수 있어야 한다.

"너희 둘 다 화가 났구나. 민서야, 네가 원하는 것이 무엇인지, 무엇 때문에 화가 났는지 말해보렴. 민서가 말하고 나면 다음에는 수현이가 말하게 될 거야."

부모는 아이들이 각자 자신의 입장을 말할 때 설령 아이의 말에 동의하지 않더라도 평가나 비난을 하면 안 된다. 부모가 어느 한쪽 편을 든다고 생각하면 아이들은 갈등이 해결될 거라는 희망을 접고 공격적인 수단을 사용해 자신의 욕구를 관철하려 들 것이기 때문이다. 부모는 최대한 중립적인 입장을 유지해야 하며, 이를 위해 아이가 한 말을 정리해서 말해주는 것이 좋다. 이 방법을 통해 부모가 아이의 입장을 올바르게 이해했는지 알 수 있고, 아이들도 서로 상대방의 입장을 알 수 있다.

"흠, 그러니까 민서는 아까부터 트럭을 갖고 놀고 싶었는데, 많이 참았다는 거구나."

"수현이는 지금 이 블록들을 저쪽까지 트럭으로 실어 나르려고 하는구나. 근데 그걸 다 하려면 트럭이 좀 더 필요하고, 이 방에는 트럭이 이것 하나밖에 없어서 아직 줄 수 없는 거구나."

③ 문제 상황을 요약하기

아이들 각자의 입장을 알았다면 부모는 아이들 각자에게 그 문제를 해결할 책임이 있음을 강조하면서 다시 한번 문제 상황을 요약해준다.

"민서야! 수현아! 너희 둘 다 이 장난감 트럭을 갖고 놀고 싶어해. 그래서 문제가 생겼지. 이제 너희는 이 문제를 해결할 방법을 찾아야 해. 뺏거나 싸우거나 숨기지 말고, 문제를 해결할 수 있는 방법을 찾아보자."

④ 대안 찾기

이제부터 아이들이 가능한 해결책을 찾아보도록 부모는 적극적으로 격려해준다. 해결책은 문제를 일으킨 아이들이 생각해낼 수도 있고, 부모를 비롯한 주변 사람들이 아이디어를 보탤 수 있다. 커다란 전지나 연습장, 화이트보드나 칠판이 있다면 거기에 아이들이 생각해낸 대안들을 다 적어보자. 아이들이 괜찮은 대안들을 생각해내지 못한다면 부모가 도와줘도 된다.

"이렇게 장난감은 하나뿐인데 여러 명이 놀고 싶어 할 때 많이 사용하는 방법이 있지. 각자 갖고 노는 시간을 정하거나 함께 노는 거야!"

"한 사람은 포클레인으로 물건을 트럭에 실어줘도 될 것 같아!"

대안을 모색하는 과정은 생각과 노력을 기울여야 하는 것이어서 어린아이들에게 결코 쉽지 않다. 어떤 아이는 지루함을 느끼기도 하고, 또 어떤 아이는 당장 결과가 나오지 않아 힘들어하기도 한다. 따라서 부모는 아이들이 이런 힘든 과정을 견뎌내는 모습을 충분히 격려해주어야 한다. 논의 과정에서 이탈하지 않고 집중할 수 있도록 진행자의 역할도 잘 해낼 필요가 있다.

⑤ 해결책에 동의하기

대안들 중에서 아이들이 모두 만족해하는 안을 결정하는 시간이다. 중재자로서 부모는 아이들이 가장 잘 받아들일 만한 대안을 탐색하도록 돕는다. 이때 한 아이가 강하게 반대하는 안은 포함시키지 않는다. 최종 결정된 대안은 아이들이 모두 동의한 것이어야 하며, 아이들의 동의가 이루어지면 부모는 아이들이 문제의 해결방안을 찾아낸 것을 깊이 축하하고 해결책을 확정해 말해준다.

● 아이들이 제시한 대안들 ●

"가위바위보를 해서 이긴 사람이 트럭을 갖고 논다."

"한 사람이 5분씩 번갈아 갖고 논다. 순서는 가위바위보로 정한다."

"수현이가 놀이를 마칠 때까지 민서는 자동차 놀이에 필요한 길을 만들며 기다린다."

"포클레인과 트럭으로 공사장 놀이를 함께 한다."

> "민서는 박스로 자동차를 만들어 그것으로 자동차 놀이를 한다."
> "민서가 수현이의 블록 옮기기를 도와준 후 장난감 트럭을 갖고 논다."
> "장난감 트럭 놀이 대신 수현이와 민서가 놀이터에서 논다."

만일 이 대안들 중에 민서와 수현이가 '놀이터에서 논다'는 것으로 결정했다면 부모는 이런 말로 정리해주자.

"민서와 수현이가 드디어 해결책을 정했구나. 장난감 트럭을 갖고 싸우는 대신 놀이터에서 함께 놀기로 했구나. 그럼 문제가 해결된 거네! 서로 다치거나 싸우지 않고 문제를 해결할 방법을 찾았어. 정말 멋지구나! 자, 그럼, 결정한 대로 해볼까? 놀이터에 나가자!"

⑥ 실행하기

아이들이 동의한 대안을 실행하도록 도와주는 과정이다. 이때 아이들이 협력하며 서로 잘 지내는 모습을 보이면 즉각적으로 칭찬하고 격려해주어야 한다.

부모들이 참고하면 좋을 이 중재 모델은 아이들의 공격성을 줄이고 아이들이 스스로 갈등 문제를 해결하는 능력을 키워준다. 연구 결과에 따르면 갈등 중재 과정에 정기적으로 참여한 아이들은 해결 방법을 더 많이 다양하게 제시했으며 협상하는 시간도 짧았다고 한다. 이 갈등 중재 과정은 만 3세에서 만 12세 아이들에게 적용할 수 있는데, 주로 뭔가를 얻기 위해 싸우는 도구적 공격성을 다룰 때 가장 효과적인 방법이다.

부모의 이런 행동은 역효과를 부른다

신체적 처벌

많은 부모가 아이의 공격성을 다루기 위해 매를 들어야 할지 고민한다. "매를 아끼면 아이를 망친다"는 옛말이 생각나기도 하고, 따끔하게 혼내지 않으면 무례한 아이로 성장할까 염려한다. 어떤 부모는 거칠게 떼쓰고 물고 때리는 아이에게 "너도 얼마나 아픈지 느껴봐라"면서 똑같이 되갚아주기도 한다.

부모 입장에서는 아이가 매를 맞지 않으려고 행동을 조심하고 어른의 말을 따라줄 거라고 생각할 것이다. 하지만 수많은 연구 결과는 신체적 처벌을 자주 사용하면 오히려 아이의 공격성이 증가한다고 보고하고 있다. 또 체벌의 부정적인 효과가 오래 지속되어 어릴 때 잦은 신체적 처벌을 받은 아이는 청소년기에 보다 공격적으로 변한다고 한다.

이처럼 부모의 바람과 달리, 신체적인 고통을 주어 아이의 공격성을 잠재우려는 노력이 실패하는 이유는 무엇일까? 아이들은 어른들에게 받는 체벌에서 몇 가지 교훈을 얻기 때문이다.

- **공격적으로 행동하는 방법을 알게 된다** : 어른들을 통해 아이는 오히려 공격성을 표현하는 다양한 방법을 배운다.

- **때리거나 위협하면 원하는 것을 얻을 수 있다** : 신체적인 힘에 의해 굴복당하는 경험은 아이에게 역시 '힘이 최고야'라는 교훈을 준다.

- **공격적으로 행동하는 것 말고는 딱히 대안이 없다** : 어른들은 아이에게 어떻게 적절한 방식으로 문제를 해결하고 욕구를 충족해야 하는지는 알려주지 않는다.

- **어른을 조심해야 한다** : 어른들에게 잡히지 않고 조심하면 공격적인 행동을 통해 원하는 것을 얻거나 부정적인 감정을 분출할 수 있다.

공격성 무시하기

어린 시기의 공격성을 그저 어리기 때문에 한때 일어나는 행동으로 여기거나, 철들면 나아질 거라고 막연하게 낙관적으로 기대하는 것은 매우 위험하다. 많은 연구 결과가 성인이 아이의 공격적인 행동을 무시하면 아이의 공격성이 증가한다고 보고하고 있다. 성인이 아이의 공격적인 행동을 무시하면 공격적으로 행동한 아이와 그 아이의 행동으로 피해를 입은 아이 모두가 공격적인 행동으로 어떤 '보상'을 얻을 수 있다고 생각하게 된다. 따라서 공격적인 아이는 계속 공격을 하고, 피해를 입은 아이도 성인의 보호를 기대할 수 없다면 체념하며 계속 당하거나 반격을 한다.

만일 피해를 입은 아이가 보복에 성공해서 더 이상 공격받지 않게 되면 이 아이는 앞으로 다른 사람에게 먼저 공격적인 행동을 할 것이다. 학교 폭력의 경우 괴롭힘을 당했던 아이가 가해자가 되는 경우가 많은 것도 이런 이유에서다. 공격적인 행동이 제지당하지 않으면 공격성은 이런 식으로 점점 더 집단 속에서 팽창한다.

비일관적인 대처

부모가 아이의 공격성에 대해 되는 대로 대처할 때도 아이의 공격성은 증가한다. 어제는 규칙을 강조했는데 오늘은 규칙을 무시하고, 또 지난번에는 친구를 때린 아이에게 관대했는데 이번에는 같은 행동을 두고 엄격하게 벌주는 부모들이 있다. 부모가 이랬다저랬다 하면 아이는 혼란스럽고 화가 난다. 이렇게 부모가 비일관적으로 행동하면 아이들은 일단 자신에게 편하거나 이득을 주는 행동부터 해본다. 원하는 장난감을 얻고 싶다면 친구의 것을 빼앗거나 때리면 그만이다. 운이 좋으면 어른들에게 걸리지 않거나, 걸려도 아무런 제한을 받지 않을 수도 있으니 아이들은 자신의 행동을 운에 맡긴다.

아이의 진짜 원인을 알면 속상하지 않다

아이의 행복한 삶을 위해

최근 연예인이나 운동선수의 과거 학교 폭력 이슈가 심심찮게 뉴스에 등장하고 있다. 라이징 스타로 각광받던 배우가 어린 시절의 못된 행동 때문에 TV에서 자취를 감추고, 승승장구하던 운동선수가 경기에서 퇴출당하는 일이 생긴다. 예전 같았으면 쉽게 묻혔을 일이 인터넷에서 회자되며 순식간에 전국으로 퍼지고, 증거까지 속속들이 나오고 있어 오리발을 내미는 일도 쉽지 않아졌다. 현재의 잘못뿐 아니라 과거의 행동까지 낱낱이 밝혀지는 세상이다.

어린 시절 친구를 때리고 욕하고 괴롭힌 일은 "그때는 철이 없어서 그랬어", "다 지난 일이니 잊자", "미안해" 정도의 말로 결코 덮어지지 않는다. 피해를 준 친구에게 용서를 받기 위해 자신이 가진 상당수를 내려놓아야 할 수도 있다. 타인을 향했던 잘못된 행동이 부메랑이 되어 자신에게 돌아오는 것이다.

잘못에 대해 세상으로부터 공개적인 지탄을 받지 않더라도 오랫동안 반복해온 공격적인 행동 패턴은 자신이 의식하지 못하는 사이에 어딘가 불편한 삶으로 이끈다. 어른이 되어서도 별일 아닌 일에 욱해서 쉽게 화내고 남을 공격하는 사람은 일상에서 환영받지 못할뿐더러 그런 성격으로는 행복한 삶을 살기도 어렵다.

한창 자라고 있는 우리 아이들은 어떨까? 아이들이 공격성을 보이는 이유는 꽤나 복합적이다. 하지만 곁에서 부모나 다른 어른들이 관심 어린 눈으로 살펴주고 올바른 방향으로 지도해주면 떼쓰는 게 일상인 아이도, 마음대로 되지 않으면 소리부터 지르던 아이도, 매일 유치원에서 친구의 몸을 물고 머리카락을 당겨서 문제를 만들던 아이도 긍정적인 방향으로 성장할 수 있다.

아이들은 이미 변화될 준비가 되어 있다. 그런데 오히려 부모들은 '아이가 아직 어려서 그런 거야', '남자애들이 다 그렇지', '애들이 이러면서 크는 거지' 라는 생각들로 시간만 보내고 있다. 아이들이 아무리 준비가 돼 있다고 해도 때를 놓친다면 소용없다. 그저 시간이 해결해줄 거라는 믿음 하나로 변화할 준비가 돼 있는 아이들의 때를 놓치고 있는 건 아닌지 부모 스스로 되돌아볼 필요가 있다.

자녀의 행복을 바라지 않는 부모는 없다. 그렇다면 자녀가 행복한 삶을 살아갈 수 있게 부모는 무엇을 해야 할까? 예쁜 옷, 멋진 장난감, 주말 가족여행이 아이를 온전하게 행복하게 해줄까? 물론 이런 것들도 아이를 행복하게 해주지만 보다 좀 더 근본적인 것이 있다. 사회적 동물로서 타인과 문제없이 유대감을 쌓을 수 있도록 돕는 것, 독립적이고 성숙한 성인으로 성장하도록 돕는 것 등이 아이의 현재와 미래의 행복을 보장하는 일이 아닐까? 그러려면 부모는 아이가 어릴 때 미미하게 보이는 거칠고 공격적인 행동도 놓치지 않아야 하고, 우리 아이에게 그런 모습이 보였을 때 제대로 이해하고 다루는 능력을 갖춰야 한다.

바로 이것이 자녀의 행복한 삶을 위해 부모가 꼭 해야 할 일이다. 즉 아이의 공격적인 행동을 다루는 것은 단순한 훈육이 아니라 아이가 행복한 삶을 살 수 있는 조건을 마련해주는 것과도 같다. 이 책을 다 읽은 부모라면 이제 아이의 행복한 삶을 위한 준비를 마친 셈이다. 물론 느끼고 배운 대로 꾸준히 실천하는 과정이 필요하지만, 아이에 대한 사랑으로 어려운 실천 과정을 극복해낼 것이라 믿으며 아이의 행복한 미래에 미리 축하와 응원의 박수를 보낸다.

참고문헌

- Russell A. Barkley, *Defiant Children: A Clinician's Manual for Assessment and Parent Training*, The Guilford Press, 2013.

- Marjorie J. Kostelnik, Alice Phipps Whiren, Anne K. Soderman, Kara M. Gregory, *Guiding Children's Social Development and Learning*, Wadsworth Publishing, 2008.

- Arlene. S. Koeppen, Relaxation Training for Children, *Elementary School Guidance and Counseling*, 1974.